U0155357

中南财经政法大学出版基金资助出版

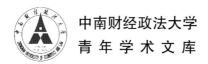

中南财经政法大学
青年学术文库

基于大数据技术的高频往复轻质结构动力学特性分析及振动抑制研究

姜旭初　著

武汉大学出版社

图书在版编目（CIP）数据

基于大数据技术的高频往复轻质结构动力学特性分析及振动抑制研究/姜旭初著.—武汉：武汉大学出版社,2021.12（2022.9 重印）
中南财经政法大学青年学术文库
ISBN 978-7-307-21961-8

Ⅰ.基…　Ⅱ.姜…　Ⅲ.结构动力学—研究　Ⅳ.O342

中国版本图书馆 CIP 数据核字（2020）第 233247 号

责任编辑:詹　蜜　　责任校对:汪欣怡　　版式设计:马　佳

出版发行:**武汉大学出版社**　（430072　武昌　珞珈山）
（电子邮箱：cbs22@whu.edu.cn　网址：www.wdp.com.cn）
印刷:武汉邮科印务有限公司
开本:720×1000　1/16　印张:18.75　字数:278 千字　插页:2
版次:2021 年 12 月第 1 版　　2022 年 9 月第 2 次印刷
ISBN 978-7-307-21961-8　　定价:58.00 元

前　言

在国家制造业信息化工程的推动下，半导体、集成电路产业在信息化时代是我国主要的核心产业，是支撑经济社会发展的一个战略性、基础性、先导性的产业，也是引领新一轮科技革命和产业变革非常主要的产业。

电子制造装备中机构的特点是快速启停、短距、高频、多自由度往复运动。高频往复运行轻质机构在芯片制造和封装领域应用广泛，这类机构在高频运动下因多维运行惯性冲击而呈现柔性特性，各部件之间的相对运动导致结构变成时变系统，系统在这些不确定因素共同作用下产生复杂的响应，直接影响终端的定位精度。同时，为了减小运行惯性冲击，这类机构通常进行了拓扑优化分析和轻量化的设计，常规振动传感器不仅在高频运行下难以安装，而且其附加质量的引入改变了被测结构的特性，使得测试结果不准确。目前，没有一种有效的测试方法能够准确获取高频往复运行下轻质结构的振动响应，进而无法通过动力学特性研究这类结构的振动抑制方法。由于国外对芯片分拣的研究较早，形成了完整的产业链，实现对关键设备、技术的行业垄断，中国的芯片产业中分拣等关键设备大多依赖进口，研发出具

1

有自主知识产权的芯片分拣设备，打破技术垄断，对于推动我国芯片产业的发展有重要的作用。本书选取芯片高速分选机作为高频运行轻质结构的代表，围绕分选机敏感部件的识别、工作模态参数的辨识、旋转轴轴心运动轨迹的获得、芯片分拣臂末端定位振动的抑制以及面向芯片的分拣测试方面进行实验研究。本书的主要研究包含以下几个方面：

本书采用基于遗传规划的符号回归方法识别机械结构系统的薄弱组件，在五自由度弹簧-阻尼系统中进行了仿真验证，并将该方法用于识别高频运行的芯片分拣臂系统，准确地识别出系统的薄弱组件，量化了芯片分拣臂系统的薄弱特性，进而后续的研究更加有针对性。

现有的模态识别方法无法准确辨识轻质结构在高频运行下的动力学特性参数，本书将工作模态分析方法和应变模态识别方法结合起来，提出一种基于应变模态分析方法的辨识高频往复轻质结构在运行下工作模态参数的方法，分析这类结构的动力学特性。

针对模态分析方法都需要人工筛选多组模态参数的过程，实验结果存在人为误差的问题。本书将模态分析方法和粒子群优化算法结合起来，实现了从大量实验数据中自动筛选结构的运行模态参数，避免了人为因素的影响。并将该方法运用到芯片分拣臂运行状态下实测数据，准确地辨识出芯片分拣臂在运行下的工作模态参数。

本书对高频运行下芯片分拣臂的振动特性加以研究，分析了芯片分拣臂系统的旋转轴的不平衡性，研究了旋转轴的扭转振动对芯片分拣臂的影响。采用调整芯片分拣臂系统运行激励的方式抑制末端振动，运用多体动力学分析技术，对芯片分拣臂旋转电机的控制函数进行优化设计，有效控制芯片分拣臂结构高频运行下引入惯性冲击。

本书研究结果表明，有效获取高频往复轻质结构在运行下的振动响应，辨识出运行状态下的模态参数，分析其在运行状态下的动态特性，对于高频运行下结构的惯性振动的抑制，提升芯片分选和封装领域的高速定位精度具有重要意义。

　　感谢湖北省教育厅科学技术研究项目（项目批准号：B2021005）对本书相关研究工作的资助。

　　由于本人水平有限，书中存在一些不足甚至错误之处，敬请读者提出宝贵建议。

目　　录

第 1 章
绪　论

1.1　目的和意义

随着芯片技术的发展，芯片行业要求分选和封装设备具有高效、高速、可靠的特点，分选设备和封装设备的核心部件大多属于高频往复的轻质结构，这类机构直接决定着设备的定位精度和分选效率①。高频运行机构由多结构组成，在运行过程中各结构之间相互影响，该类结构变为时变参数的结构，表现出与静态下截然不同的动力学特性。同时，高频往复运行引入的惯性冲击，导致结构呈现柔性的特性，使得系统的响应不准确。所以，高频运行中机构的振动是影响芯片分选和制造领域工作效率的困难之一。《机械工程学科发展战略报告(2011—2020)》②指出智能制造设备核心技术是准确地获取智能制造设备在运行中的振动信号并加以分析和控制。高频运行机构在运行过程中通常伴随着快速启停、短距、多自由度等运动，以 LED 芯片高速分选机为例，其芯片分拣臂系统具有 15Hz 的运行频率、15g 的加速度以及 10ms 的分拣时序间隔。因此，这类机构运行过程中的惯性振动直接影响芯片的定位精度，降低定位效率，有效地抑制高频运行机构运行过程中的振动直接关系到定位精度的提升。很多研究发现抑

---

① 陈新，姜永军，谭宇韬. 面向电子封装装备制造的若干关键技术研究及应用 [J]. 机械工程学报，2017(5)：181-189.

② 国家自然科学基金委员会工程与材料科学部. 机械工程学科发展战略报告：2011—2020[M]. 北京：科学出版社，2010.

制结构振动的前提是获取结构在运行状态下的动态特性，即辨识出结构的模态参数。高频运行机构各部件之间结合方式往往比较复杂，导致难以建立准确的动力学模型。目前，高频下常规传感器难以安装，即使能安装，传感器的附加质量也改变了结构的特性，从而影响实验结果的准确性。传统的实验模态分析方法难以运用，没有一种有效的测试方法能够准确获取高频往复运行下轻质结构的振动响应。由于国外对芯片分拣的研究较早，形成了完整的产业链，实现对关键设备、技术的行业垄断，中国的芯片产业中分拣等关键设备大多依赖进口，急需打破技术垄断，对于推动我国芯片产业的发展有重要的作用。

综上所述，有效获取高频往复轻质结构在运行下的振动响应，辨识出运行状态下的模态参数，分析其在运行状态下的动态特性，对于高频运行下结构的惯性振动的抑制，提升芯片分选和封装领域的高速定位精度有重大的意义。本书的研究意义在于：

(1)采用基于遗传规划的符号回归方法识别机械结构系统的薄弱组件，量化了芯片分拣臂系统的薄弱特性，为研究高频运行机构的动态特性奠定基础。

(2)现有的模态识别方法无法准确辨识轻质结构在高频运行下的动力学特性参数，提出一种基于应变模态分析方法的辨识高频往复轻质结构在运行时工作模态参数的方法，进而分析这类结构的动力学特性。

(3)现有的模态分析方法都需要人工筛选模态参数的过程，实验结果存在人为误差的问题。将模态分析方法和粒子群优化算法结合起来，实现自动筛选结构在运行下的模态参数，避免了人为因素的影响。

(4)研究表明旋转类机构旋转轴的不平衡性和旋转轴高频运行下的扭转振动也会影响终端的振动。本书首先采用谐响应分析确定芯片分拣臂出现较大的角位移和明显扭转现象的模态阶次。其次，利用谐波小波变换得到了清晰的旋转轴轴心轨迹，研究芯片分拣臂系统旋转轴的不平衡性。最后，采用有限元软件对旋转轴模态进行分析，研究了旋转轴的扭转振动对芯片分拣臂的影响。

(5)由于高频往复轻质结构机构通常进行了拓扑优化分析和轻量化的设计，采用优化结构方式抑制终端的振动比较困难，而基于实验分析得到的芯片分拣臂在高频运行下的动力学特性和振动特性，采用调整运行激励的方式进行芯片分拣臂末端振动的抑制，运用多体动力学分析技术，对芯片分拣臂旋转电机的控制函数进行优化设计，有效控制芯片分拣臂结构高频运行下引入惯性冲击，验证该方法在抑制高频运行机构振动方面的可靠性。

本书提出的方法可以获取高频轻质结构在运行下的振动响应，分析得到工作模态参数，掌握结构在运行下的动态特性。基于动力学特性分析的结果，调整运行激励方式，采取在电机控制函数上进行优化，达到抑制高频往复轻质结构在运行下末端振动的目的，提升了芯片分选的精度和效率。

1.2 研究现状

半导体照明产业是21世纪最大、最活跃的高新科技产业之一，在经济竞争及国家安全方面有非常重要的意义。

整个LED产业可分为上中下游，上游负责外延片的制造，中游负责芯片制备，下游负责芯片封装、测试及照明显示应用等环节。LED芯片分选设备属于中游企业，在LED产业链中有着非常重要的作用。

近年来，LED芯片分选设备发展迅速，从2010年以后LED芯片分选设备朝着高分选速度发展，目前市场上主流的LED芯片分选设备其分选速度已经达到120~85ms/颗①。各大厂家分选设备的性能参数总结如表1-1，表中mil为英制单位，1mil=25.4μm。影响LED芯片分选设备速度的关键因素在于其芯片分拣臂移送系统的速度，很多厂商标称的最快分选速度都是指其芯片分拣臂移送系统的运动周期(见图1-1)。

---

① 吴涛. LED芯片检测分选装备国产化指日可待[J]. 中国科技财富，2010
(23)：26-29，23.

表 1-1 各厂家分选设备性能参数表

厂家	威控	嘉大	旺矽	达恒	健鼎	ASM	志成华科
型号	LS368D	NST-600	M76FP	FDS7000	MDS810	MS100	DH-LS420
分选速度	85ms	85ms	85ms	85ms	100ms	85ms	200ms
位置精度	±1mil	±30μm	±1mil	±1mil	±1.5mil	±1.5mil	±1.5mil
角度精度	±3°	±3°	±3°	±3°	±3°	±3°	±3°

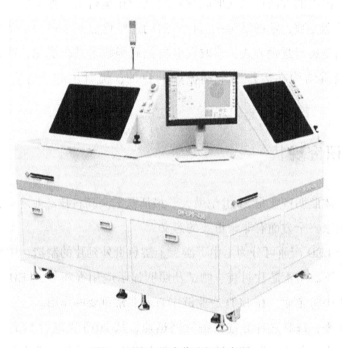

图 1.1 LED 芯片分选机示意图

国外的芯片行业具有完整的产业链,对关键设备和技术进行了行业的垄断,中国的芯片分拣和封装等关键设备主要依赖进口,研发出具有自主知识产权的芯片分拣和封装设备,打破技术垄断,非常有利于我国芯片产业的发展。随着微电子技术的快速发展,微电子行业急需效率高、速度快、可靠性强的电子制造装备,它们机构的特点是快速启停、短距、高频以及多自由度①。高频运行机构的高性能要求使得机构部件的设计必须减少系统惯性，而机构部件质量减少使得部件运行过程中弹性特征明显。多弹性体部件组成的机构在高频运行状态下，运行引入的结构惯性振动将直接影响末端定位精度，增大定位时间降低系统工作效率，这使得机构部件的结构动力学特性成为运行机构性能的关键因素②。目前在高频运行机构的精确定位研究中，主要集中于研究运行结构的振动特性及辨识动力学特性参数方法③。

1.2.1 结构动力学特性研究

(1)工作状态下结构动力学特性研究

机床结构作为一个由许多弹性体部件组成的复杂机构，整机系统的刚度与末端位姿、运行参数之间存在强相关性。机床结构在运行状态下，运行部件之间的运动传递表现出一种滞后特性，使得轴承、导轨等可动和不可动结合部刚度阻尼的变化难以准确理论建模④。目前机床结构动态特性的理论建模方法，如多体理论、有限元方法在结构运行动力学特性研究方面还未能达到实际需要精度，因此针对运行状态下的机床结构动力学特性研究还需建立在实际设备结构的试验和测量基础上⑤。

---

① 王文杰. 中国 LED 产业发展研究[J]. 现代工业经济和信息化，2018，8(7)：13-14.

② Black P, Swanson D, Badre-Alam A, et al. Rotary wing aircraft vibration control system with resonant inertial actuators：U.S. Patent Application 13/983，463[P]. 2013-11-21.

③ Worden K. Nonlinearity in Structural Dynamics：Detection, Identification and Modelling[M]. CRC Press, 2019.

④ Tian H, Li B, Liu H, et al. A new method of virtual material hypothesis-based dynamic modeling on fixed joint interface in machine tools [J]. International Journal of Machine Tools and Manufacture, 2011, 51(3)：239-249.

⑤ Quintana G, Ciurana J. Chatter in machining processes：A review[J]. International Journal of Machine Tools and Manufacture, 2011：363-376.

　　目前，结构动力学特性常常通过锤击方法在部件选择输入激励点的方式来获取①。但这种方式假设运行部件结构在静态下的动力学特性与系统工作过程运行状态下完全一致，忽略了整机不同运行部件结构惯性作用以及部件相互作用对结构动力学性能的影响。Tobias S A 强调机床结构动力学特性的研究不应孤立针对单一部件动力学研究，因而需要将整机结构作为研究对象，充分考虑到可动部件与不可动部件之间的边界条件对系统性能产生的影响，并在此基础上进行研究部件结构的固有频率、阻尼比和振型②。

　　由于机床结构存在的可动、不可动结合部，部件间的结合部动力学参数与部件运行参数相关，随着运行参数的变化，部件间的相对运行状态对结合部状态产生作用，进而导致部件结构动力学特性随之产生变化。

　　目前，对运行状态下机床动力学特性的研究主要集中在机床领域。Zaghbani I 针对数控机床运行状态下和静态下机床结构动力学特性进行了研究。在设定的不同转速下，获取机床运行状态下可动部件的结构动力学特性参数，通过与锤击方式获取的静态下机床结构模态参数比较，其指出运行状态下和静态下数控机床结构动力学特性存在较大的差异，部件结构固有频率变化在 2%~8%，而阻尼比变化达 2~10 倍③。

　　对于运行状态下的结构动力学特性的计算仿真尚未考虑结构运行状态变化因素，基于静态动力学特性参数计算得到系统工作性能与实际工作状

　　① Siddhpura M, Paurobally R. A review of chatter vibration research in turning[J]. International Journal of Machine Tools and Manufacture, 2012: 27-47.

　　② Tobias S A, Fishwick W. The vibrations of radial-drilling machines under test and working conditions[J]. Proceedings of the Institution of Mechanical Engineers, 1956, 170(1): 232-264.

　　③ Zaghbani I, Songmene V. Estimation of machine-tool dynamic parameters during machining operation through operational modal analysis[J]. International Journal of Machine Tools and Manufacture, 2009, 49(12): 947-957.

态存在显著差异①，故运行状态下的结构动力学特性研究必须考虑结构运行状态对结构动力学特性参数的影响作用。

分拣臂高频运行下的结构动力学特性影响机构性能，运动部件高频运行状态下结构动力学参数也将有别于静态下结构动力学参数，分拣臂机构的振动模态直接影响末端定位。因此，需要研究机构运行下的模态分析方法，从而实现机构在运行状态下的模态参数识别。

高频运行下的分拣臂机构不仅需要考虑低频响应，还必须考虑结构次高频、高频响应对系统工作精度的重要影响。故进行分拣臂机构运行激励下的次高频和高频振动特性分析，从而获取运行下分拣臂机构的多阶高频模态参数。

(2) 变结构下结构动力学特性研究

机床在工作状态下，机床结构内部各部件间的摩擦、间隙，外界载荷和边界条件等因素将对结构模态特性产生影响。Weck M 比较了铣床横向滑板给定最大进给速度下和机床停机状态的谐振振幅，两者相差了约30%②。Shin Y C 通过研究发现，机床在工作状态下结构动态特性将会因机床工作位置和主轴转速的变化而发生相应的变化③。

机床结构运行相关的动力学特性是与运行速度、运动轴组合方式相关的，机床多轴联动时变激励作用下，结构在运行过程中各个主导模态相互作用会导致主导模态作用不确定性演变，存在主导模态数量、能量比例上的过程相关变化。并且机床运行状态下部件之间的复杂作用力、机床部件

① Abdul Kadir A, Xu X, Hämmerle E. Virtual machine tools and virtual machining—A technological review[J]. Robotics and Computer-Integrated Manufacturing, 2011, 27(3): 494-508.

② 泰佩尔 M, 韦克 K. 金属切削机床的动态特性[Z]. 北京：机械工业出版社, 1985.

③ Jorgensen B R, Shin Y C. Dynamics of spindle-bearing systems at high speeds including cutting load effects[J]. Journal of Manufacturing Science and Engineering, 1998, 120(2): 387-394.

刚体运动与微幅弹性振动之间的复杂耦合，难以确定机床结构响应与运行参数之间的相关性。

Hanna N H 采用非接触激振器在机床空运行条件下进行机床结构动力学特性的研究分析①。由于采用非接触式激振器，机床动力学特性可以在不同运行状态下进行辨识。在机床实际运动状态下，通过随机激励与正弦激励两种方式辨识其模态参数。实验结果表明机床运行过程中存在一定的非线性特性，这种非线性特性对模态参数的辨识结果具有显著影响。正弦激励的辨识结果分散性大，并且受激振幅值大小的影响；随机激励的辨识结果比较一致，辨识结果不受激振幅值影响。

Wu S M 采用 AR 模型通过拾取加工过程中刀具工件的相对位移实现加工过程的在线分析②，通过 AR 不同阶次模型的辨识，可以辨识加工状态下工艺系统中的薄弱环节。并且还可判别出不同加工参数下刀具部分和机床结构部分交互作用程度强弱，不同的进给速度对加工稳定域有显著影响。

针对切削工作过程中的动力学特性，Budak E 建立了机床结构阻尼与切削过程阻尼之间模型，通过颤振切削状态下的阻尼比辨识给出了机床结构阻尼和机床切削阻尼③。Albertelli P 针对整机各子系统，提出了子系统的交互优化作用分析方法，分析结果表明可以增强加工过程稳定域④。显然机床各个子系统的相关作用会改变整机的动力特性，Pan Z 在机器人加工过程中证实了这一点，分析结果指出如果加工过程中结构刚度接近加工

---

①　Hanna N H, Kwiatkowski A W. Identification of machine tool receptances by random force excitation [J]. International Journal of Machine Tool Design and Research, 1971, 11(4): 309-325.

②　Pandit S M, Wu S M. Modeling and Analysis of Closed-Loop Systems from Operating Data[J]. Technometrics, 1977: 477-485.

③　Budak E, Tunc L T. Identification and modeling of process damping in turning and milling using a new approach[J]. CIRP Annals-Manufacturing Technology, 2010, 59(1): 403-408.

④　Albertelli P, Cau N, Bianchi G, et al. The effects of dynamic interaction between machine tool subsystems on cutting process stability[J]. The International Journal of Advanced Manufacturing Technology, 2012: 1-10.

过程的刚度时，耦合颤振就有可能发生①。

分拣臂机构多环节部件柔性特征使得机构高频运行下，结构振动将影响终端位姿，并且分拣臂机构时变结构特性也直接影响机构运行终端振动特性，故基于分拣臂机构时变结构特性，建立分拣臂机构高频运行规律下终端振动响应机制。

机床运行条件下结构动力学特性显然是变化的。国内华中科技大学 Zhang X J 针对铣削加工中的模态耦合颤振研究，指出变化的交叉耦合质量和刚度将改变模态间的耦合固有频率，这些变化来自刀具、刀具装夹、主轴等边界影响，而如果这些边界条件改变将影响加工稳定性②。

在高精密加工研究中，Mascardelli B A 在加工过程颤振实验对铣刀刀具测量得到两阶颤振频率所对应主导模态，第二阶在传统 EMA 方法静态锤击下无法得到，显然加工过程的激励作用改变了工艺系统的动力学特性。Filiz S 则在微加工过程的研究中提出刀具—维模型已无法满足加工性能分析，必须采用刀具的三维模型来表征实际加工过程的刀具可能出现的弯曲、扭转、轴向振动特性③。Shi Y 对铣削加工颤振进行分析，指出外加激励对已发生的颤振作用不明显，同时提出在加工过程中不仅再生颤振出现，而且各个不稳定切削过程中，都存在多颤振频率同时出现，而其峰值反映结构的主导模态，并且随着主轴转速的变化在大范围内变化④。

Feng G H 通过轴承内壁安装的传感器拾取轴承振动响应，研究发现当轴

① Pan Z, Zhang H, Zhu Z, et al. Chatter analysis of robotic machining process[J]. Journal of materials processing technology, 2006, 173(3): 301-309.

② Zhang X J, Xiong C H, Ding Y, et al. Milling stability analysis with simultaneously considering the structural mode coupling effect and regenerative effect[J]. International Journal of Machine Tools and Manufacture, 2011: 127-140.

③ Filiz S, Ozdoganlar O B. A three-dimensional model for the dynamics of micro-endmills including bending, torsional and axial vibrations[J]. Precision Engineering, 2011, 35(1): 24-37.

④ Shi Y, Mahr F, von Wagner U, et al. Chatter frequencies of micro milling processes: influencing factors and online detection via piezo actuators[J]. International Journal of Machine Tools and Manufacture, 2011(56): 10-16.

承的预紧力不同时，动力学特性会发生变化①。Seguy S 通过薄壁件实际加工过程中表面形貌分析指出表面形貌的形成是工件 3 个模态在加工过程中根据边界条件变化相应起主导模态作用，从而工件的表面形貌控制可以通过实际工件模态交互作用分析得到预测控制②。国内其他学者，如罗筱英③，李明④，林剑峰⑤等人也指出机床运行工况对数控机床的动态的研究存在影响。

　　而在加工过程中，数控机床经历有过程切削载荷和惯性力激励的瞬态振动，两者都将导致表面质量变差，还有可能损坏机床部件。加工过程的颤振可以通过选择稳定切深和主轴转速来避免，而机床结构惯性振动常常发生在较重部件的加速过程中。而结构振动在目前轮廓误差控制方法当中通常没有进行考虑⑥，因此运行过程中，惯性冲击引起机床整机结构振动影响加工过程中刀具与工件的相对位移，从而降低加工表面质量。

1.2.2　结构动力学分析方法研究

　　目前用于结构模态参数分析的方法主要是实验模态分析方法（EMA）⑦，

---

　　① Feng G H, Pan Y L. Investigation of ball screw preload variation based on dynamic modeling of a preload adjustable feed-drive system and spectrum analysis of ball-nuts sensed vibration signals[J]. International Journal of Machine Tools and Manufacture, 2011(52): 85-96.

　　② Seguy S, Dessein G, Arnaud L. Surface roughness variation of thin wall milling related to modal interactions[J]. International Journal of Machine Tools and Manufacture, 2008, 48(3): 261-274.

　　③ 罗筱英，唐进元. 结构参数对砂轮主轴系统动态性能的影响水[J]. 机械工程学报, 2007, 1(3): 128-134.

　　④ 李明，杨庆东. 五轴联动数控铣床的高速动态特性分析[J]. 北京机械工业学院学报, 2007, 22(4): 50-61.

　　⑤ 林剑峰，马晓波，李晖，等. 数控机床动态特性测试与分析研究[J]. 机械制造, 2010(008): 5-9.

　　⑥ Altintas Y, Sencer B. High speed contouring control strategy for five-axis machine tools[J]. CIRP Annals-Manufacturing Technology, 2010, 59(1): 417-420.

　　⑦ Cao Y, Altintas Y. Modeling of spindle-bearing and machine tool systems for virtual simulation of milling operations[J]. International Journal of Machine Tools and Manufacture, 2007, 47(9): 1342-1350.

针对的是机床结构参数(刚度、阻尼和质量等) 不随时间改变的结构,是在非工作状态下进行的。实验模态分析方法采用人工激励,通过测量机床结构的激振力和振动响应,获得结构的频响函数或脉冲响应函数,并通过这些函数来进行模态参数的识别①。整机结构运行下的动力学特性辨识首先解决的是激励输入问题,对于机床结构尽管可以采用多点激励技术,但有些情况下仍难以实现有效激励。而这类结构在工作动力作用下的振动响应则比较容易测得②。由于实验模态分析方法需要精确地测量激振力与振动响应之间的频响函数关系,这种方法只能在结构处于静止条件下进行,无法辨识工作状态下的模态参数。

(1)工作状态下动力学分析方法研究

相对于实验模态分析方法,工作模态分析方法仅仅利用结构在工作状态下的振动响应信号进行模态参数辨识,能够辨识出结构在不同工作状态下的动力学特性。因此这种方法逐渐引起重视,并不断发展出多种辨识方法③。机床结构工作激励下得到的是随机响应信号,而模态参数识别方法多以自由响应为输入数据。随机减量法可通过从结构的随机振动响应中提取自由响应,增加了识别方法的应用范围。实际上,对均值不为零的平稳随机信号,通过消去均值的办法将其转换为均值为零的随机信号,对随机减量法同样适用。

随机减量法最早由 Cole 于 1973 年提出并用于航天飞机的结构振动,成功识别出空间飞行器的结构模态参数。此后 Asmussen 等提出向量随机减

① Li B, Cai H, Mao X, et al. Estimation of CNC machine-tool dynamic parameters based on random cutting excitation through operational modal analysis[J]. International Journal of Machine Tools and Manufacture, 2013, 71: 26-40.

② Allen M S, Chauhan S, Hansen M H. Advanced Operational Modal Analysis Methods for Linear Time Periodic System Identification[J]. Civil Engineering Topics, 2011(4): 31-44.

③ Magalhães F, Cunha Á. Explaining operational modal analysis with data from an arch bridge[J]. Mechanical Systems and Signal Processing, 2011, 25(5): 1431-1450.

量技术的统计理论①，完善了随机减量法的理论基础。Ibrahim 对随机减量法进行了详细研究②，指出该方法在很广的范围内都是有效的。Petsounis 指出随机性识别的优越性，提出随机子空间法利用输出的相关函数构造 Hankel 矩阵，进一步利用奇异值分解方法得到最小阶数的系统矩阵，使得该方法能够用于在受平稳随机激励作用的系统中随机子空间法对输出噪声具有一定的抗干扰性③。

外加人工激励本质上难以符合机床实际运行状态，故对于机床结构来说，采用切削力作为机床结构振动分析的输入是很好的方法。考虑机床结构和切削过程的耦合作用，Tounsi N 通过单个凸台切削进行切削脉冲激励，从而解除切削过程和机床结构的闭环作用④，但基于 EMA 的辨识算法必须测量作为输入的切削力，则测力仪本身的动力学特性也包含在辨识结果中，因此须从结果中剔除，测力仪的引入增加了辨识的难度。

Gagnol V 基于输出信号对正常切削过程的结构响应进行辨识，但正常加工过程引入的切削力谐波成分无法提出，故采用切削输入的自功率谱去除谐波的干扰影响，从而基于响应完成结构模态参数辨识⑤。Zaghbani I 也是基于正常切削过程，利用结构响应的模态辨识算法对结构模态进行了辨识，采用阻尼比判定对辨识结果中虚假模态进行处理，解决了谐波干扰的

---

①　Asmussen J C, Brincker R, Ibrahim S R. Statistical theory of the vector random decrement technique[J]. Journal of sound and vibration, 1999, 226(2): 329-344.

②　Ibrahim S R. Efficient random decrement computation for identification of ambient responses[C]. Society of Photo-Optical Instrumentation Engineers, 2001.

③　Petsounis K A, Fassois S D. Parametric time-domain methods for the identification of vibrating structures—a critical comparison and assessment [J]. Mechanical Systems and Signal Processing, 2001, 15(6): 1031-1060.

④　Tounsi N, Otho A. Identification of machine-tool-workpiece system dynamics [J]. International Journal of Machine Tools and Manufacture, 2000, 40(9): 1367-1384.

⑤　Gagnol V, Le T P, Ray P. Modal identification of spindle-tool unit in high speed machining[J]. Mechanical Systems and Signal Processing, 2011: 1021-1029.

问题。

但加工稳定性的判定仍然需要测量输入的激励信号。Kushnir E 采用信号的功率谱分析了机床结构在加工状态下的结构动力学特性[1]。针对一台加工精度不满足要求的机床，在加工状态下基于结构响应的频谱分析，采用立柱测点为参考点和其余 12 测点，基于工作模态分析得到机床切削过程的薄弱振型和固有频率，可用于改进机床结构设计和优化指导，该方法主要因为机床存在加工缺陷，故基于响应的判定很容易实现。

国内刘海涛[2]，王磊[3]提出基于广义加工空间概念机床工作空间的结构动态特性研究方法，闫蓉[4]建立了机床-刀具-工件整体工艺系统综合动刚度场模型，采用实验和仿真相结合的方法提出了表征整体工艺系统综合动刚度性能的指标。丁文政[5]针对某大型数控铣齿机床样机，建立包含运动结合部非线性的简化动力学模型，采用数值仿真算法求解模型的时域响应，研究机床结构动态特性。但目前采用切削激励的方法存在结构响应的谐波干扰，对于机床这类包含可动部件的复杂结构，尚无一个有效的基于响应的模态辨识方法用于机床结构辨识，并且加工过程中切削过程和机床结构耦合的问题，也直接影响辨识结果的准确性。

(2) 变结构非稳态动力学分析方法研究

考虑数控机床在工作空间运行过程中，随着机床部件(如工作台、滑

---

① Kushnir E. Application of operational modal analysis to a machine tool testing[C]. Proceedings of IMECE04 2004 ASME International Mechanical Engineering Congress and Exposition November 13 -20, 2004, Anaheim, California USA, 2004.

② 刘海涛，赵万华. 基于广义加工空间概念的机床动态特性分析[J]. 机械工程学报，2010(021)：54-60.

③ 金涛，王磊，陈卫星，等. 基于结合面特性及大型工件效应的超重型卧式镗车床整机动态特性分析[J]. 现代制造工程，2012(12)：107-111.

④ 闫蓉，潘文斌，彭芳瑜，等. 多轴加工工艺系统综合动刚度建模与性能分析[J]. 华中科技大学学报（自然科学版），2012，11：000.

⑤ 丁文政，黄筱调，汪木兰，等. 运动结合部的非线性对大型数控机床动力学特性的影响[J]. 南京工业大学学报（自然科学版），2012，34(6)：112-116.

套、横梁、立柱)功能性的位置变化,机床结构参数也将随位置发生变化,因此机床结构会产生非稳态振动响应①。目前,工作模态分析方法仅适用于线性系统稳态响应,这种时变结构的非稳态响应给 OMA 法的应用提出了挑战。

Spiridonakos 基于响应信号研究了时变结构的模态参数辨识方法②,研究对象为一其上布置了可动质量块的简支梁,可动质量与简支梁质量之比为 0.4,质量块可通过电机驱动沿简支梁滑动进行不同速度的试验,外界激励选用激振器对钢梁进行随机激励,采用基于响应的时变随机序列模态辨识方法进行了质量块在不同速度下时变结构钢梁的模态参数辨识。

EMA 方法采用外加人工激励,幅度上和本质上都难以符合机床实际运行状态,无法准确得到机构动态下的结构动力学特性参数。故针对机构运行状态下结构振动响应比较容易测得特点,只利用工作动力作用下的响应信号进行模态参数识别的研究方法逐渐引起重视,并不断发展出多种识别方法。

但总体来说,目前结构系统时变参数识别研究在国内外还都处于刚起步的阶段,对线性时变结构的模态参数识别,多是将线性时不变结构参数识别理论基于"冻结时间"思想进行直接推广,即假设每一时刻在一瞬时被"冻结"了,这样结构就变为时不变的,然后按时不变结构参数识别理论得到每一时刻的模态参数,再用曲线拟合得到随时间变化的模态参数③。"冻结时间"方法采用移动窗对响应数据进行选取,对于数控机床运行状态下的时变结构,该瞬态数据量的加窗运算、结构本身及随机测量噪声影响,

① Uriarte L, Zatarain M, Axinte D, et al. Machine tools for large parts[J]. CIRP Annals-Manufacturing Technology, 2013: 1031-1060

② Spiridonakos M D, Fassois S D. Parametric identification of a time-varying structure based on vector vibration response measurements [J]. Mechanical Systems and Signal Processing, 2009, 23(6): 2029-2048.

③ Kerschen G, Poncelet F, Golinval J C. Physical interpretation of independent component analysis in structural dynamics[J]. Mechanical Systems and Signal Processing, 2007, 21(4): 1561-1575.

极大降低了基于响应的结构模态参数辨识准确度甚至难以辨识。

但上述给出的结构振动响应测试常规采用加速度传感器，其质量对于高频运行结构会产生质量附加效应，难以辨识结构本身动力学参数。而采用应变模态法则可避免上述问题，应变模态法的基本思想是认为振动系统应变场可由适当的特征应变场按一定比例叠加来表示。结构应变模态与位移模态相对应，它们是同一能量平衡状态的两种表现形式。李德葆等对位移模态和应变模态间的联系进行了研究，提出了模态实验与应变模态参数识别的方法，并采用仿真计算和实测进行比较验证①。

但对于高频运行机构，其运行实际工作时序中旋转分拣臂机构多自由度运动引入的惯性冲击对机构部件结构作用更加复杂，不仅分拣臂机构的低阶模态，以及通常不考虑的结构多阶高频振动模态也直接影响末端位姿，增加系统响应的不确定性，也直接影响辨识结果的准确性。

1.2.3 悬臂结构振动研究和模态分析

高频旋转运动的悬臂机构目前市场上运用广泛，悬臂结构的高频下旋转运动的结构运动稳定性显得尤为重要，但是国内外对悬臂旋转结构的振动分析研究少有，同时能够用于工业生产现场的极少，对悬臂旋转结构高频下的振动特性的研究需要加大科研工作者时间和精力投入。智能化时代的到来，大数据批量化模式的社会浪潮，如何适应大数据化控制悬臂机构的高频旋转运动是急需的。

本书利用模态分析方法对高频悬臂机构的振动稳定性进行研究。目前对悬臂机构振动的研究，采用的是传统的振动分析技术，同时也停留在传统理论研究阶段，发现了一些规律，但是规律和具体的结构种类关联很大，因而得到一种通用性的适应大数据模式的智能化悬臂机构振动分析手段是重要的。目前对于悬臂结构的研究仅停留在静态或准静态条件下，对于高转速运行条件下的悬臂结构的振动特性的研究是极少的，对于运动中

---

① 陆秋海. 实验模态分析及其应用[Z]. 北京：科学出版社，2001.

存在急停换向运动成分的分拣臂运动的研究国内外是没有的。比如，2014年，陈丹丹①对柔性结构进行结构改造来抑制正弦激励下的高阶模态振动，对结构进行了充气加筋，悬臂板结构的固有振动模态由低阶转向了高阶，达到了高阶抑制。缺点是抑制不了悬臂板结构的自由衰减振动。高鹏等②运用经典动力学理论设计了两基板悬臂模型来等效悬臂结构。吕书锋和张伟③认为悬臂结构可伸缩变体机翼向外伸展过程的振动是非线性的，利用非线性动力学景进行了特性研究。刘利军④认为悬臂结构是密频系统，并采用了传统的时域模态参数识别方法（随机子空间辨识方法）识别了密频系统的模态参数。在研究中，他改进了传统的稳定图系统振动特性判定方法，通过数值仿真以及对比有限元计算结果得到方法的验证，优点是高精度识别模态参数来反映悬臂结构系统振动特性。刘利军⑤也利用数值仿真手段研究了悬臂结构的振动特性，得到结构长宽比和运行频率是可以用来分析定轴转动的刚-柔耦合悬臂板结构振动特性的，但是不适用于存在周期急停换向这种运动成分的分拣臂结构。仇张朗⑥立足于薄弱环节研究悬臂结构振动特性，设计了低频多弹簧类单晶硅悬臂结构加速度传感器，精确监测微振。高林⑦利用有限元方法研究了带有充液容器的压电悬臂结构振

---

① 陈丹丹，李斌，冯志壮. 基于面内充气筋的悬臂结构振动控制实验研究[J]. 科学技术与工程，2014，14(16)：316-320.

② 高鹏. 基于气动肌腱的悬臂结构振动主动控制研究[C]. 第十二届全国振动理论及应用学术会议论文集，中国振动工程学会、南京航空航天大学机械结构力学及控制国家重点实验室：中国振动工程学会，2017：9.

③ 吕书锋. 轴向可伸展悬臂板的非线性振动特性研究[C]. 第十届动力学与控制学术会议摘要集，中国力学学会动力学与控制专业委员会：中国力学学会，2016：2.

④ 刘利军. 转动 ACLD 悬臂板的动力学建模及振动控制[D]. 上海交通大学，2008.

⑤ 刘利军，张志谊，杜冬，华宏星. 作定轴转动悬臂板的动力学建模及其动态特性分析[J]. 机械科学与技术，2009，28(09)：1153-1156.

⑥ 仇张玥. 低频 MEMS 加速度传感器的多弹簧悬臂结构研究[D]. 太原理工大学，2018.

⑦ 高林，王辉，王轩，聂宏. 带有充液容器的压电悬臂结构系统振动特性建模研究[J]. 科技视界，2017(4)：6-7，36.

动，并通过实验验证了有限元法得到的振动特性模型的准确性。

悬臂结构在静态条件下的振动特性是很好研究的，直接通过传统的实验模态分析，采集系统敲击激励响应数据，放入 LMS 分析平台，进行一系列操作，即可得到模态参数，进而分析悬臂结构振动特性。但是高频运行条件下，悬臂结构的振动特性的研究不能用传统静态的分析手段(因为传统 EMA 需要测量激励，以及动态下的结构形态和静态下不同)，并且静态条件下旋转分拣臂的振动特性和高频运行条件下是不同的，同时考虑到国内外对高频运行条件下的悬臂结构振动特性研究是空白的，因而展开了研究。

常用的模态参数提取方法如下:

(1)基于敲击激励的静态机构模态参数识别

在敲击激励的条件下，利用实验模态分析方法，同时测量系统激励和响应数据，导入 LMS 分析软件，即可完成基于敲击激励的静态机构模态参数提取。实验模态分析是公认的系统结构振动特性分析等较好的工具。实验模态分析方法可以用来对高频悬臂机构的振动稳定性进行研究，根据大量的研究可知，实验模态分析能很好地反映结构动力学中数值预测与实验研究的关系情况。另外，每一阶模态有对应的模态参数来表征，包括固有频率、阻尼比和振型等。知道结构在某一敏感的频率区间内的各阶模态，在工程实践中避开这一区间即可控制系统的实际振动。

工作模态分析与实验模态分析的不同在于实验模态分析是在机械系统的输入信号和输出信号都知道的情况进行的机械振动特性分析，而工作模态分析是在不用测量输入激励(默认符合白噪声假设)和只用测量输出响应的条件下，对机械结构进行模态分析的技术。静态和高频运行条件下的振动特性是不一样的，因为高频运行下的悬臂结构由于空气阻力、加减速、急停、惯性力、热应力等因素会发生形变，影响系统的振动特性。

(2)基于响应的机构模态参数提取

基于响应的机构模态参数提取主要利用工作模态分析方法。工作模态分析立足于振动响应数据进行模态参数识别和振动特性分析，但是一般隐含了条件是激励白噪声，如果激励不满足条件或者激励不纯净，会得到不准确的分析结果。20世纪70年代初，科研工作者开始着手研究工作模态分析方法，并进行了大量的研究工作。目前广泛使用的时域模态识别方法有最大熵法，ITD随机衰减法，功率谱峰值法，最小二乘曲线拟合法和ARMA模型。例如，在1964年，Clarkson和Mercer① 提出利用白噪声激励结构，得到各点响应的互相关函数，进而研究结构的频响特性。接着验证了随机激励响应相关性结果对应于自由衰减响应，都能用于系统振动特性识别。1990年，詹姆斯等人② 提出了NExT方法，他们认为白噪声激励条件下结构的两点间的互相关函数和理想敲击激励下的结构响应函数有相同的表达式和不同的比例。例如，IDT方法或单参考点复指数方法用于结构单输入激励结构多输出响应；结构多输入激励和多响应输出的情况可以利用多参考复指数法或特征系统实现算法（ERA）。此外，NExT方法隐含激励是白噪声的条件，该方法有环境的适应和承受能力较强。目前，该方法已广泛应用于桥梁和飞机等领域的模态参数识别和振动特性分析。EEMD方法利用固有模态函数（IMF）的思想处理系统响应中的各阶模态，但是该方法需要对响应信号进行互相关分析。接着希尔伯特变换处理每个IMF来得到系统振动的模态参数和振动情况。Rune Brincker等人利用奇异值分解处理系统振动响应的功率谱（频域分解方法），得到多组单自由度系统的单自由度相关函数，进而得到系统的模态参数。另外，联合时频域方法通过时频变换来处理信号并且能够直接识别模态参数。

（3）基于周期冲击激励的机构模态参数辨识

在激励方式上，有些是周期激励或者运行冲击激励的情况，但是研究

① Clarkson B L, Mercer C A. Application of cross-correlation in the study of random force response of lightly damped structures [J]. Southampton, UK: institute of sound and vibration, university of Southampton, 13 (5), 1964.

② James G H et al. Missile modal analysis of the first flight data of STARS using natural excitation technology[C]. 12th IMAC, 1994.

主要落脚在机床周期切削激励和机床加减速随机冲击激励，对于芯片分选机悬臂结构的周期冲激励这种情况，目前还没有研究文献和报告等。机床周期切削激励和机床加减速随机冲击激励更多的立足于机床结构以及激励有效成分是白噪声随机激励的情况。对于芯片分选机悬臂结构周期冲击激励，更多的类似周期脉冲激励，而不是随机白噪声激励。因而研究是有必要的。

综上所述，工作状态模态分析立足于激励白噪声条件，其他类型的激励条件下目前不能利用工作模态分析进行模态参数识别和振动特性分析。因而实验模态分析（EMA）与工作模态分析（OMA）相比，实验模态分析真实和可靠，有研究的必要性和应用前景。最重要的是，传统 EMA 方法仅适应静态条件下，本书研究的悬臂机构在动态情况下运行，因而提出一种新的适合动态条件下实验模态分析方法是很有必要的。为了解决模态参数获取的问题，本书中提出了使用数据挖掘来实现获取模态参数，进而分析振动特性。

1.2.4 符号回归在线识别悬臂机构模态参数

为在高频工作条件下分析芯片分选机悬臂结构的振动特性，本书采用了模态分析技术，但是为适应大数据模式下的工业生产，加入了智能化算法，更新传统算法。理论分析中的问题在于足够次单次脉冲激励的次数难以确定，为了解决动态自适应获取模态参数的问题，进化计算是一种先进的智能化和动态自适应化技术。它可以在隐式和并行的情况下在解空间中搜索多个解，并利用不同解之间的差异来设定罚函数和获取最佳解。进化计算借鉴生物群体的行为，利用群体间生存、繁衍等发展方式进行群体进化。例如回溯搜索算法（BSA）在经济调度中的应用、人工合作搜索算法对复杂优化问题的最优解的寻找，粒子群优化（PSO）模拟得到的 Ti67 / Nb 的黏附强度和硬度以预测输出性能，降雨优化算法（RFO）用于数值优化问题最优解的获取。粒子群优化-PI（PSO-PI）用于控制制旋转 d-q 电流并驱动感应电动机。PSO 性能与遗传算法相当，但会更快，更简单。

最重要的是，回归分析和最流行的进化计算方法都基于所使用的函数形式是固定的假设。同时这些程序的缺点是产生了大量的计算时间。另外，固定模型的功能形式是根据经验选择的，自然法则可能无法很好地反映出来。这意味着复杂的模型函数表达式被选择用于复杂的振动系统，但实验数据中隐含的规律很简单，或者根据复杂振动系统实验数据中隐含的复杂规律选择简单的模型函数表达式。但问题在于足够次单次脉冲激励的次数难以确定，难以解决动态自适应获取模态参数的问题。因此，需要一种算法方法来确定适合实验数据的最佳相关性而不假设其功能形式将是有利的。问题在于如何基于测量数据自动化分析相关关系。

目前，数据挖掘的概念的出现，借助现在目前的计算机技术，可以很好地解决在脉冲激励的次数难以确定的情况下动态自适应地获取模态参数的问题。没有任何物理知识的前提下，数据挖掘算法发现了隐含在数据中的反映系统的牛顿定律、几何和动量守恒等定律。人们向来分析问题的思路是，将复杂问题分解成一系列简单的问题，从而慢慢地挖掘出隐含在自然界的固有规律。符号回归也叫函数辨识，相对于常规说的参数回归，传统的参数回归需要提前制定函数的参数化模型，换句话说，模型是固定的，而符号回归不一样，符号回归不需要提前制定函数模型，自动从数据集中搜索出数学规律(用函数模型表示)。传统的参数回归一般先设定好函数模型，再确定模型中的参数值。符号回归的优点在于不需制定函数模型。另外，不同于符号回归，参数回归存在伪线性、连续性等条件。提前设定的函数模型决定了结果的准确性。符号回归的其他优点在于：(1)依靠大规模的种群数量、算法中设置合理的变异和交叉概率参数，算法不易进入局部最优；(2)利用算子进行种群操作提高算法的可执行性强度；(3)采用二叉树层次化结构的个体可以很好地适应非线性要求。

符号回归作为一种很好的动态自适应算法。一种数据挖掘过程仅从响应数据中挖掘出函数表达式规律，进而动态自适应获得模态参数。这是一种很好的动态自适应的模态分析方法。另外，回归分析一般求解系统参数需要提前假定自由变量和系间的函数模型，最小化估计值和实验值之间的误差得到方程的最优系数。相反的是，在知道了自由变量间的函数关系之前，符号回归可以很好地实现以通过最小化预测值与实验值之间的误差来得到变量之间的函数关系，用函数模型体现。

目前，国内外还没有关于符号回归用于模态分析的研究文献和专利，但符号回归方法应用的范围近些年有一定的发展。2009 年，迈克尔施密特等通过挖掘模型实验数据中隐含的经典物理规律来阐述符号回归的理论用法①。2016 年，吴莱桐等②使用符号回归-遗传规划算法来挖掘水下交通工具的模型参数变化规律。另外，渤海大学于鹏③将符号回归-遗传规划算法应用到电能质量分析领域，该方法能够减少时间信息损失和提高工作效率。符号回归方法是在不假设函数形式的前提下自动从数据中搜索系统模型的数学公式和隐含规律。符号回归的主要方法是遗传程序设计，基因表达式程序设计和随机生成候选因子集的逐步回归算法。在这几个算法中，发展最成熟的是遗传规划。遗传规划属于广义分层计算机程序，能够自适应处理线性或非线性问题。

我们在本书中使用称为遗传规划的动态自适应进化计算方法，同时也是一种符号回归扩展。我们首先提供了符号回归方法的第一个概念应用，以对运行模态分析的结构发现和参数挖掘进行建模。遗传算法基于随机进化原理寻找给定函数模型的全局优化解。此外，与遗传算法和列文伯格-马夸尔特法算法相比，我们的方法更多地依赖于数据集之间的局部信息，并动态自适应从简单模型到复杂模型中通过进化方式搜索目标模型的最优参数表达规则，更好的挖掘出数据中隐含的规律，最终识别出模态参数，用来反映悬臂结构的高频运行条件下的振动特性。符号回归作为一种数据挖掘方法，仅通过挖掘单点响应数据的函数表达式规律

① Michael, Schmidt, Hod, Lipson. Distilling free-form natural laws from experimental data[J]. Science (New York, N. Y.), 2009, 324(5923): 81-5.

② Wu nailong, wang xuyang, et al. Parameter identification and structure search of underwater vehicle model using symbol regression[J]. J Mar Sci Technol (2017) 22: 51-60.

③ 于鹏. 基于遗传规划的符号回归方法在电能质量分析中的新应用[J]. 电子设计工程, 2013, 21(7): 20-23.

即可获得模态参数，可以很好地处理应变信号中存在的零漂、趋势项、高频周期噪声等干扰并动态自适应提取模态参数，同时智能算法避免了人工烦琐。

1.2.5　高频运行机构动态特性研究

伺服闭环控制带宽是影响常规机械结构定位精度的主要因素。Barre P J[1]在研究拾取-放置类机构在快速运动中的精确定位问题，认为减小惯性振动的影响可以提高定位精度，一些静态下忽略的模态在运行下却成为主导模态。Barre P J 认为采用经典的伺服控制方法减小结构在运转过程中的振动没有效果，他认为闭环反馈和最优控制方法是常用的抑制机构振动的方法[2]，但这两种方法难以用于动态特性不断变化的系统。Koenigsberger F 研究了不同工况下机床结构的模态参数，指出结构在工况下的动态特性与静态下截然不同，认为结构在运行下的动力学特性与运行参数有着密切的联系[3]。

Paijmans B 研究机床在高速运行下不同位置的定位精度，认为结构的频率和振型会随着位置变化而改变[4]。Sekler P 采用模态缩减方法分析高速结构处于不同位置下的动态特性，进而抑制工况下结构的振动[5]。Da Silva M M 在研究高速运行下拾取-放置结构组件之间的影响，发现这类结

① Bearee R, Barre P J, Bloch S. Influence of high-speed machine tool control parameters on the contouring accuracy. Application to linear and circular interpolation [J]. Journal of Intelligent and Robotic Systems, 2004, 40(3): 321-342.

② Barre P J, Bearee R, Borne P, et al. Influence of a jerk controlled movement law on the vibratory behaviour of high-dynamics systems [J]. Journal of Intelligent and Robotic Systems, 2005, 42(3): 275-293.

③ Koenigsberger F, Tlusty J. Machine tool structures [M]. Elsevier, 2016.

④ Paijmans B, Symens W, Van Brussel H, et al. A gain-scheduling-control technique for mechatronic systems with position-dependent dynamics [C]. IEEE, 2006: 6 pp.

⑤ Sekler P, Voß M, Verl A. Model-based calculation of the system behavior of machine structures on the control device for vibration avoidance [J]. The International Journal of Advanced Manufacturing Technology, 2012, 58(9): 1087-1095.

构的边界条件在不断变化，非线性特征直接影响系统的可靠性①。
Barre P J将悬臂组件作为结构刚度敏感性薄弱部件，通过运用集中质量
模型简化结构成功抑制了运行过程中的冲击振动。机械结构在高速运行
下通常伴随着惯性冲击，同时高速运行使得结构呈现柔性的特点，造成
结构运行下动态特性更加难以分析②。Ostasevicius V在进行刀具高频振
动控制的切削表面粗糙度实验中，指出引起高频振动的模态可以使得其
他阶模态共同参与结构的振动③。在高精密加工研究的颤振实验中，
Mascardelli B A在研究微型铣刀的子结构耦合抑制颤振实验中，发现静态
下未出现的模态却在运行状态中出现，并指出运行激励使得系统的模态参
数发生变化④。Jorgensen B R基于切削载荷效应研究高速主轴轴承系统的
动力学特性，指出准确获取刀具实际精密加工中的动力学特性需要运用三
维模型⑤。

冯志壮在柔性悬臂板上采用充气加筋方案达到抑制柔性结构振动的目
的⑥，指出悬臂板结构对高阶振动模态影响大于低阶模态，可有效抑制正
弦激励所激发的高频模态振动，但在抑制自由衰减的振动上没有效果。宋

①　Da Silva M M, Brüls O, Swevers J, et al. Computer-aided integrated design for machines with varying dynamics [J]. Mechanism and Machine Theory, 2009, 44 (9): 1733-1745.

②　曹婷. 高频双钢轮振动压路机液压系统特性与柔性启动技术探讨[D]. 长安大学, 2013.

③　Ostasevicius V, Ubartas M, Gaidys R, et al. Numerical-experimental identification of the most effective dynamic operation mode of a vibration drilling tool for improved cutting performance[J]. Journal of Sound and Vibration, 2012(331): 5175-5190.

④　Mascardelli B A, Park S S, Freiheit T. Substructure coupling of microend mills to aid in the suppression of chatter[J]. Journal of manufacturing science and engineering, 2008, 130(1): 303-309.

⑤　Jorgensen B R, Shin Y C. Dynamics of spindle-bearing systems at high speeds including cutting load effects[J]. Journal of Manufacturing Science and Engineering, 1998, 120(2): 387-394.

⑥　陈丹丹, 李斌, 冯志壮. 基于面内充气筋的悬臂结构振动控制实验研究[J]. 科学技术与工程, 2014, 14(16): 316-320.

哲研究在线识别悬臂梁结构振动的测试方法，并采用神经网络的算法进行主动抑制，抑制效果明显且鲁棒性较强①。吕书锋对轴向可伸展结构的非线性动力学特性进行研究，建立了这类结构的偏微分动力学方程，指出方程的参数对结构振动的非线性有很大的影响②。刘利军建立了旋转柔性板建立了刚-柔耦合动力学方程，采用模态分析方法辨识了系统的动力学特性参数，并根据控制理论进行柔性板的动态振动抑制③。高林对压电悬臂结构进行有限元模态分析获得振动特性模型，并采用实验验证了模型的可靠性④。

　　华中科技大学李斌教授团队提出一种利用机床在工况下各部件的相互作用力作为运行激励研究机床工况下的动力学特性的方法。卢艺扬通过编写 G 代码控制铣床工作台运动作为激励，通过分析立柱振动信号，指出工况下与静态下的模态参数一致性较高，验证了该方法可以用来分析机床结构的动态特性⑤。魏要强在此基础上设计了加减速变化的激励方式，并提出了面向激励效果的有效空运行激励方法的设计原则⑥。罗博通过研究机床的运行激励下的动力学特性参数，指出动力学特性随着不同的进给速度，动力学特性参数会有规律的变化。此外，他采用质量改变法辨识得到了机床在不同工况位置下的动力学特性⑦。自激励研究

　　① 宋哲，陈文卿，徐志伟. 基于神经网络的悬臂梁在线辨识与振动主动控制[J]. 振动与冲击，2013，32(21)：204-208.
　　② 吕书锋. 轴向可伸展悬臂板的非线性振动特性研究[C]. 第十届动力学与控制学术会议摘要集. 中国力学学会动力学与控制专业委员会；中国力学学会，2016：2.
　　③ 刘利军，张志谊，杜冬，华宏星. 作定轴转动悬臂板的动力学建模及其动态特性分析[J]. 机械科学与技术，2009，28(09)：1153-1156.
　　④ 高林，王辉，王轩，聂宏. 带有充液容器的压电悬臂结构系统振动特性建模研究[J]. 科技视界，2017(4)：6-7.
　　⑤ 卢艺扬. 数控机床自激励的激励信号特性研究[D]. 华中科技大学，2008.
　　⑥ 魏要强，李斌，毛新勇，毛宽民. 数控机床运行激励实验模态分析[J]. 华中科技大学学报(自然科学版)，2011，39(06)：79-82.
　　⑦ Li B, Luo B, Mao X, et al. A new approach to identifying the dynamic behavior of CNC machine tools with respect to different worktable feed speeds [J]. International Journal of Machine Tools and Manufacture, 2013, 72：73-84.

动力学特性的方法在机床这类大型机构十分有效，但是该方法对于研究芯片分选机芯片分拣臂系统的动力学特性较难实现，因为通过旋转部件等传入芯片分拣臂末端的能量很小，无法完全激发出芯片分拣臂系统的模态。

芯片分拣臂结构在高速运行下的动态特性与静态下有很大的差异，并且其工作状态下末端的定位精度要求需要知道结构的模态参数。芯片分拣臂系统组件之间的相互运动使得边界条件难以确定，惯性冲击下其呈现柔性特征影响末端定位，增大系统的不稳定性，因此高频往复结构运行下的动态特性还需要深入研究。

1.2.6 高频运行机构振动动力学研究

目前，针对机构振动系统的动态特性参数，运行结构的动力学特性分析方法在模型上还未能以要求的精度进行计算，主要是因为结构结合部之间复杂的刚度和阻尼特性还不能完全得到，而这些特性对整机结构特性具有重要影响。张文革在研究铸铁结合部黏弹性性质中发现整机总柔度一半以上来自结合面柔度，整机总阻尼几乎全部来自结合部阻尼[1]，所以研究机械结构的动力学特性参数需要依靠实际工况下的模态试验。目前，辨识结构模态参数通常采用实验模态分析方法，该方法有如下特点：①针对的是非工作状态下的机床结构模态参数，这类结构不会随时间改变；②采用人工激励的方式，通过测量机床结构的激振力和响应；③通过频率响应函数来辨识模态参数分析结构的动态特性[2]。但是，机械结构组件之间相对运动，使得结合部之间的边界条件不断改变，必然影响结构的动力学特性。Weck M 进行了铣床横向滑板在工况和静止

---

① 张文革，杨慧新，王世军. 结合部法向黏弹性性质及有限元模型[J]. 机床与液压，2017，(19)：57-60.

② Bąk P Λ, Jemielniak K. Automatic experimental modal analysis of milling machine tool spindles[J]. Proceedings of the Institution of Mechanical Engineers, Part B: Journal of Engineering Manufacture, 2016, 230(9)：1673-1683.

状态下测试实验获得两种情况下的谐振振幅，得到工况下的谐振振幅比静止下增大了 30% 左右①。蔡辉通过研究发现随着机床运行参数的变化，认为机床主轴转速和结构位置的变化都会引起机床动力学特性参数的变化②。

　　传统的实验模态测试辨识的结构振动特性参数与实际加工状态下的振动特性参数往往有很大的偏差，是因为锤击激励方式无法模拟真实加工下的运行激励。在机构实际加工状态下更加容易获得结构振动的响应③，因此采集机械结构在加工状态下振动响应并进行分析获得动力学特性参数的方法得到广泛发展，逐渐衍生出很多方法④。Symens W 认为高频运行结构在工况下部件之间的相互作用，导致部件呈现柔性的特征和时变的边界条件，造成结构的模态参数与静态下截然不同⑤。Spiridonakos M D 研究布置了可动质量块的简支梁，通过分析振动响应信号得到质量块在不同速度下时变结构钢梁的动力学特性参数⑥。针对运行机构这种时变特性，近些年来，出现了一些较为普遍的时变结构参数辨识方法，如短时傅立叶变换，小波变换，ARMA 模型，维格纳分布。国内学者庞世伟等也在辨识时变结

　　① Weck M, Teipel K. Dynamisches Verhalten spanender Werkzeugmaschinen: Einflußgrößen, Beurteilungsverfahren, Meßtechnik[M]. Springer, 1977.

　　② 蔡辉. 基于响应的机床切削自激励与动力学参数识别方法研究[D]. 华中科技大学, 2015.

　　③ Hung J P, Lai Y L, Lin C Y, et al. Modeling the machining stability of a vertical milling machine under the influence of the preloaded linear guide[J]. International Journal of Machine Tools and Manufacture, 2011, 51(9): 731-739.

　　④ Devriendt C, Steenackers G, De Sitter G, et al. From operating deflection shapes towards mode shapes using transmissibility measurements[J]. Mechanical Systems and Signal Processing, 2010, 24(3): 665-677.

　　⑤ Symens W, Van Brussel H, Swevers J. Gain-scheduling control of machine tools with varying structural flexibility[J]. CIRP Annals-Manufacturing Technology, 2004, 53(1): 321-324.

　　⑥ Spiridonakos M D, Fassois S D. Parametric identification of a time-varying structure based on vector vibration response measurements[J]. Mechanical Systems and Signal Processing, 2009, 23(6): 2029-2048.

构模态参数上取得了一定的成果①。概而言之，准确辨识时变结构的模态参数的研究还处在初级阶段，目前的方法一般是假设在某一段短时间内将时变结构等效为线性时不变结构，进行模态参数辨识②。

但上述提到的结构振动响应的测试大多采用加速度计，加速度传感器的质量对于轻质结构来说不能忽略，会产生质量附加效应，对辨识结构本身动力学特性的结果造成误差。芯片分拣臂这类高频运行轻质结构实际工序中的多自由度运动引入的惯性冲击对整机结构影响更加复杂，通常忽略的高阶模态也参与影响末端的定位精度，使得实验结果存在很大的误差。因此，需要一种附加传感器质量较小，且获取振动响应信号敏感度高的传感器，应变计可以解决这类问题。应变模态理论认为结构的应变模态与位移模态是同一种能量平衡状态不同的表现形式，因此适当的特征应变场相互叠加可以表示振动系统③。国内学者李德葆采用加速度计和应变计进行模态实验，并将分析的结果与有限元分析结果进行比较，推导了位移模态参数和应变模态参数之间的联系，并提出了应变模态分析方法④。

1.2.7 运行结构动力学特性辨识方法研究

随着科学技术的日新月异，机械设备的发展趋势是高速、高精，结构的动态特性对机械设备的加工精度和生产效率有着重要影响，传统的静力学分析难以达到市场上要求，机械结构的动力学分析显得尤为紧迫。目前结构动态特性的分析方法有实验模态分析方法（EMA）、工作模态分析方法

---

① 庞世伟，于开平，邹经湘. 识别时变结构模态参数的改进子空间方法[J]. 应用力学学报，2005，22(2)：184-188.

② 刘宇飞，辛克贵，樊健生. 环境激励下结构模态参数识别方法综述[J]. 工程力学，2014，31(4)：46-53.

③ Wang T, Celik O, Catbas F N, et al. A frequency and spatial domain decomposition method for operational strain modal analysis and its application[J]. Engineering Structures, 2016, 114: 104-112.

④ Lu Q, Li D, Zhang W. Neural network method in damage detection of structures by using parameters from modal tests[J]. Engineering Mechanics, 1999, 16(1): 35-42.

（OMA）、应变模态分析方法（SMA）以及计算模态分析方法（FEA）。

通过有限元计算的方法获得结构的模态参数即为计算模态分析法。Courant R 第一次提到了将研究对象作为分别独立的有限个单元的思路，即先分解后整合的思想①。每个单元都呈现离散状态并具有刚度、弹性模量、密度等参数②，各单元间采用合适的方式相关联，在对每个小单元求解的基础上，对整体结构进行计算分析，最终获得结构的动力学特性参数，该思想经过多年的发展最终演变为有限元法。FEA 因其方便快捷高效的优点使得适用范围不断扩大，分解精度也逐步提升，尤其是在结构的优化方面也有很大的进步。Altintas 等人详细阐述了 FEA 在机床模态分析中的运用，并论述了机床结构如何建立准确的动力学模型③。Zaeh M F 指出现代加工的发展对机床提出了更高的要求，机床应该具有高可靠性和高精度的优点，将 FEA 应用到多体动力学分析中，可以得到机床工况下的动态特性④。国内学者王伟伟、柯映林等人采用 FEA 建模分析研究磨床、车床的结合部对机床动力学特性参数的影响⑤。由此看来 FEA 主要运用在分析机械结构的动态特性，但是仍然不能完全辨识各部件结合部之间的动力学特性参数。因此，FEA 在获取高精度机构的模态参数上存在局限性，复杂结构的动力学分析应该将理论分析和试验分析相结合。

EMA 是识别结构动力学特性参数的一种方法，Eman K F 以机床为研

---

①　Rao S S. The finite element method in engineering[M]. Butterworth-heinemann, 2017.

②　Kwon Y W, Bang H. The finite element method using MATLAB[M]. CRC press, 2018.

③　Cao Y, Altintas Y. Modeling of spindle-bearing and machine tool systems for virtual simulation of milling operations [J]. International Journal of machine tools and manufacture, 2007, 47(9): 1342-1350.

④　Zaeh M F, Oertli T, Milberg J. Finite element modelling of ball screw feed drive systems[J]. CIRP Annals-Manufacturing Technology, 2004, 53(1): 289-292.

⑤　王伟伟, 董彦, 翁泽宇. XK717 数控铣床整机结构动态特性的有限元分析[J]. 机械工程师, 2007(6): 82-84.

究对象，从传递函数中辨识出动力学特性参数①。EMA 实验比较容易操作，只需要选取合适的激励点和在适当位置布置加速度等传感器，但是需要对结构进行激励的同时测量输入激励力信号和输出响应信号，才能得到频率响应函数进行结构模态参数的辨识。按照激励方式的不同分为锤击激励和激振器激励两种方式。锤击激励是移动的激励，方便快捷，适用于小型结构，不太适用阻尼太大的结构；而激振器优点是可以产生不同的激励信号，适用于大型复杂结构，但是其安装过程比较费时费力。EMA 在航空航天、机床、车辆、工程设备等方面有广泛的应用。但是，实验模态分析存在一定局限性，必须要获得输入激励力信号，而且必须在静止状态下才能进行。由于在运行工况下，结构各部件相互运动导致结构的模态参数发生变化，必须实时在线的识别到响应信号，所以该方法只能辨识静态下的模态参数而无法应用在工作状况下。

Ibrahim S R 第一次使用随机减量法获得结构的模态参数②。Zaghbani I 通过 OMA 估算机床在加工过程中的动力学特性参数③。OMA 就是在这一基础上产生的并经过多年发展，演变出了多种参数识别方法，例如多参考点复指数法、最小二乘复指数法、自然激励法识别相关函数法、随机子空间识别法等。相对于 EMA，OMA 具有较大的优势，但是其本身也存在一定的弊端。例如，进行 OMA 的前提是要求激励为白噪声信号，我们知道白噪声存在随机性又比较难以实现。此外，OMA 由于只分析响应信号，无法得到频率响应函数。工作模态测试一般利用加速度计采集被测结构的振动信号进行分析，然而该方法针对轻质结构并不适用，因为传感器自身质量的引入会影响测试结果的准确性。

---

① Eman K F, Kim K J. Modal Analysis of Machine Tool Structures Based on Experimental Data[J]. Journal of Engineering for Industry, 1983, 105(4): 111-111.

② Ibrahim S R. Random Decrement Technique for Modal Identification of Structures [J]. Journal of Spacecraft and Rockets, 2012, 14(11): 696.

③ Zaghbani I, Songmene V. Estimation of machine-tool dynamic parameters during machining operation through operational modal analysis[J]. International Journal of Machine Tools and Manufacture, 2009, 49(12-13): 947-957.

Hillary B 首次提出应变模态的概念，通过在悬臂梁不同位置分别采用了应变计和加速度计采集响应信号，进而分析得到了悬臂梁的频响函数①。国内学者李德葆通过公式推导证明了位移模态和应变模态之间的关系，认为结构的应变模态与位移模态是同一能量平衡状态不同的形式②。李德葆出版的《实验模态分析及其应用》③详细地介绍应变模态的含义，以及讲解了应变模态测试的实验步骤。应变模态测试方法经常应用在桥梁、轮船等大型结构上，用于探测结构因扭转或拉伸应力引起的变形。将应变模态分析法应用于获取运行的结构振动响应信号有很多优势，由于应变计是紧密贴合在结构的表面，可以捕捉到运动下结构的表面发生的细小变化，而加速度传感器则因为运行结构会伴随强大离心力而无法附着。此外，在获取轻质结构的响应信号时，应变传感器由于质量较轻可忽略不计，不会因为自身附加质量影响结构的测试结果，这些都是传统的加速度传感器无法办到的。

1.2.8 高频旋转机构扭转振动分析

旋转部件和电机是旋转振动和扭转振动的来源，旋转振动是旋转轴在每一转中转速的变化造成的。扭转振动是轴或传动结构两端所发生的角度变形，这可能导致疲劳损伤。分析旋转轴的振动步骤通常是需要先掌握旋转部件的振动信号等数据，进而得到旋转轴的轴心轨迹，再通过研究轴心轨迹的规律有针对性的研究抑制振动方式。

(1)轴心轨迹的测量方法

轴心轨迹的测量通常是将实验法和计算法相结合，先采用电涡流等位

① Hillary B, Ewins D J. The use of strain gauges in force determination and frequency response function measurements；李德葆，陆秋海，秦权. 承弯结构的曲率模态分析[J]. 清华大学学报(自然科学版)，2002，42(2)：224-227；Proceedings of the 2nd International Modal Analysis Conference and Exhibit[C]. 1984：6-9.

② 李德葆，陆秋海，秦权. 承弯结构的曲率模态分析[J]. 清华大学学报(自然科学版)，2002，42(2)：224-227；Proceedings of the 2nd International Modal Analysis Conference and Exhibit[C]. 1984：6-9.

③ 李德葆，陆秋海. 试验模态分析及其应用[M]. 北京：科学出版社，2001.

移传感器进行测量轴在几个方向上的振动信号，再通过计算可得出轴心轨迹。李舜酩用电涡流传感器测量了转子振动信号，并采用谐波小波提纯技术得到清晰的转子轴心轨迹①。杜岚松根据轴心轨迹图判断是否满足故障的前期征兆，实现轴系状态监测②。王刚志通过位移传感器获得油膜的厚度并合成了清晰的内燃机轴承轴心轨迹图③。

通常采用静力学法和动力学法计算轴心轨迹。静力学法常用的有压力叠加算法、迁移率算法和承载力矢量叠加算法。静力学法主要是结合雷诺方程，采用连续梁法计算油膜承载力和轴承压力，结合它们的关系得到轴心和位置的关系。但静力学计算方法也存在弊端，旋转轴受力状态在运转过程中一直变化，轴承载荷变动较大，计算时由于没有考虑惯性质量的影响使得结果存在误差。动力学法参考了惯性质量的影响，将雷诺平均理论和动量理论结合获得船舶轴轴心轨迹。在进行曲轴轴承润滑分析时，孙军等运用动力学法获得了曲轴轴承系统三维轴心轨迹运动规律④。王文清等人采用动力学法仿真分析轴心轨迹⑤。

(2) 轴心轨迹的提纯方法

排除噪声的影响，获得清晰的轴心轨迹图形是判断轨迹的提纯效果的关键因素。然而，噪声的存在直接影响原始的轴心轨迹的运动，甚至会有失真的情形，使得在实际中不易获得轴心轨迹清晰正确的特征。目前，国内外对轴心轨迹提纯的方法主要有小波变换方法、数字形态学方法以及模

---

① 李舜酩，吕国志，许庆余. 转子轴心轨迹的谐波小波提纯[J]. 西北工业大学学报，2001，19(2)：220-224.

② 程珩，杜岚松. 旋转机械轴心轨迹故障诊断[J]. 太原理工大学学报，2003，34(5)：552-554.

③ 王刚志. 内燃机主轴承热弹性流体动力润滑数值分析及试验研究[D]. 天津大学，2007.

④ 杨扬，孙军，赵小勇. 多缸内燃机曲轴轴承三维轴心轨迹的试验研究[J]. 机械工程学报，2012，48(3)：174-179.

⑤ Wen-Qing W，Jing W. Dynamic Simulation Study of Friction and Lubrication on ICE Bearings[J]. Journal of Beijing Institute of Technology，2000，9(4)：459-464.

拟低通滤波方法。

小波变换方法理论是在频域上将包含噪声实验信号进行分解，得到各频带上的时域波形，选取关注的频带进行重新构造信号，如果是噪声信号将在此过程被删除，以此达到提纯信号的目的。很多学者将小波变换运用在诊断回转结构的故障以及分析轴心轨迹的运动规律。陈豫利用小波包分解去除旋转机械轴心轨迹的噪声，将余弦变换后的信号作为输入自动识别轴心轨迹，得到了很好的识别率①。Mallat S 根据白噪声的 Lipschitz 值为负数而常见信号的 Lipschitz 值为正数的特点，去掉与尺度呈负相关的模极大值，从而剔除白噪声信号②。张新江也是根据 Mallat S 的思想自动的提取和辨识了汽轮发电机组的轴心轨迹③。韩吉按照最小 Shannon 熵准则，提取大的能量信号进行重新构造，获得了干净的旋转机械轴心轨迹④。李方根据广义谐波小波分析后频率不变且可以分解任何频段的优势，得到了转子的轴心轨迹呈现非圆形，验证了转子的不对中问题⑤。

数学形态学方法基本原理是用确定形态的因素去比较和识别图像中对应的形态，从而进行分析图像分析和识别图像，它能将原始信号解析为很多个成分，即使原始信号混入噪声时，也能在维持原始信号特征的基础上，同时将噪声剔除⑥。胡爱军采用形态滤波器(即开闭、闭开组合)先对信号滤波，从而将干扰信号从原始信号中去除，得到了清晰的轴心轨迹⑦。

---

① 陈豫. 轴心轨迹提纯与自动识别的研究[J]. 武汉理工大学学报(交通科学与工程版)，2003，27(6).

② Mallat S, Zhong S. Characterization of signals from multiscale edges[J]. IEEE Transactions on Pattern Analysis and Machine Intelligence，1992(7)：710-732.

③ 张新江，李奕，杨建国. 汽轮发电机组轴心轨迹特征的自动提取及辨识[J]. 热能动力工程，1999，14(6)：487-488.

④ 韩吉，蒋东翔，倪维斗. 利用最优小波包提取轴心轨迹故障特征[J]. 汽轮机技术，2001，43(3).

⑤ 李方，李友荣，王志刚. 应用广义谐波小波提纯转子轴心轨迹[J]. 振动、测试与诊断，2008，28(1)：55-57.

⑥ Dougherty E. Mathematical morphology in image processing[M]. CRC Press，2018.

⑦ 安连锁，胡爱军，唐贵基. 基于数学形态滤波器的轴心轨迹提纯[J]. 动力工程学报，2005，25(3)：456.

沙盛中采用数学形态学得到了旋转结构的轴心轨迹，并用于状态监测和故障诊断①。

综上所述，有许多方法可以用于分析结构的动力学特性，但各个方法都有侧重点和弊端。比如，有限元法在计算简单结构的动力学特性参数时能获得比较准确的结果，但是在复杂结构的仿真建模时无法给出结合部的结合方式和具体的参数，导致频率和阻尼值有很大的误差。实验模态分析法因其操作简单、方便而被经常使用，通过激励力信号和响应信号直接得到结构的频率响应函数，进而得到动力学特性参数。由于采用实验模态分析法的前提是必须知道激励力，而运行状态下的激励力信号又很难测量，所以实验模态分析法多用于分析静态的结构的动力学特性参数。工作模态分析法却无须知道激励力信号，可以直接通过分析响应信号获得动力学特性参数。工作模态分析法的缺点就是无法获得结构的频率响应函数，同时也无法得到归一化的振型。

传统的模态测试方法多在被测结构上布置加速度传感器获取结构静态的响应信号进行分析。但是加速度计多用在机床、汽车、飞机、船舶、桥梁等大型结构，对于高频轻质结构显然是不行的，主要有两个原因：其一，高频往复机构运行过程中往往伴随巨大的离心力，使得加速度传感器无法布置；其二，高频往复结构为了减小惯性冲击，一般都进行轻量化设计，传感器附加质量不能太大。应变计测试方法因起步较晚，在实验中对应变片布置需要比较高的技术要求，因此很少应用在小型结构中。但是应变计能识别结构表明细小的变化，因此多用于探测结构的损伤程度以及结构的受力分析。很多研究发现由于结构组件之间结合部参数会因为组件之间相互运动而发生变化，因此机械结构在静止和运行状态下的动态特性是不同的，所以辨识结构运行下的动力学特性参数必须获得运行状态下的响应信号。因此，相对于传统的模态测试方法，应变模态测试应用于在高频

---

① 沙盛中，翁桂荣．基于数学形态学的轴心轨迹滤波提纯法［J］．苏州大学学报（工科版），2007，27(4)：39-41.

运行结构具有更大的优势。

1.3　主要研究内容

　　针对高频往复轻质结构在运行下的动力学特性参数难以有效辨识的问题，本书将围绕结构系统敏感部件的识别、模态参数的辨识、旋转轴轴心运动轨迹的识别、芯片分拣臂末端定位振动的抑制以及面向芯片的分拣测试五个方面进行深入研究。本书一共分为九个章节，具体内容如下：

　　第一章：绪论部分，论述研究背景、研究目的及意义，以高频往复运行结构振动特性研究为主题，综述分析了现有国内外对运行状态下结构动力学特性研究的方法和理论，并指出了针对高频往复机构运行振动研究尚待解决的问题。

　　第二章：现有的振动辨识方法无法有效获取高频往复轻质结构在高频运行下的模态参数，研究表明应变计可以应用于测试高速运行下结构的振动响应信号，对轻质、薄壁结构的模态测试有比较好的优势。本章基于现有的模态识别方法，将工作模态分析方法和应变模态识别方法结合，通过理论的推导，提出一种通过应变振动信号辨识高频往复轻质结构在运行下的动力学特性参数的方法，为分析这类结构的动力学特性提供依据。

　　第三章：符号回归原理和改进实验模态分析理论研究。基于符号回归和实验模态分析方法研究一种新的改进实验模态分析方法。考虑到芯片分选机悬臂结构高频运行下的激励类型和振动情况，并通过分析动态自适应-符号回归原理和实验模态分析原理，利用两者原理上的共性，设计一种运行条件下基于符号回归的实验模态分析方法；通过对动态自适应-符号回归原理和传统的脉冲激励响应的详细研究，显示了基于符号回归动态自适应的改进实验模态分析方法原理的正确性。

　　第四章：基于符号回归的模态参数识别技术验证。在完成基于符号回归的改进实验模态分析的原理分析后，利用仿真实验验证了提出方法的可行性。在过程中，该方法与特征值法提取模态参数进行的对比分析，得到验证该方法可行性的目的。接着进行了运行条件下基于符号回归的模态参数辨识的实验验证。在进行了仿真验证后，毕竟不是真实的实验室条件下。为进一步从实验的角度来分析该方法的正确性，设计了悬臂梁敲击实验，将基于 LMS 分析平台的实验辨识结果与所提方法的辨识模态参数结果进行对比，验证了该方法可以用于周期高频急停换向激励下的悬臂结构模态参数提取的正确性。

第五章：针对分拣臂机构高频运行下多部件结构振动响应难以分析的问题，提出基于广义模态质量的部件薄弱环节判定方法，基于分拣臂机构动刚度分析，给出机构多部件薄弱环节判定算例，确定出可表征机构重要动力学特性的敏感部件，用于分拣臂机构高频往复运行状态下的机构动力学特性分析研究。

第六章：模态试验中会产生很多的数据，不同个体测量的数据以及不同批次测试的数据都会存在微小的差异，在选取模态参数的时候需要人工参与，实验结果必定会存在误差。本章将工作模态分析方法和粒子群优化算法结合起来，实现了自动筛选的功能，并能准确地获取结构在运行下的动力学特性参数，以减少人为因素导致的结果误差。

第七章：展开高频往复运行过程分拣臂结构振动特性研究，指出分拣臂结构运行过程中存在多阶高低频振动特征，而分拣臂不同结构形式和运行工作频率是结构振动主要影响因素，并且这两个因素对结构高、低频段响应存在不同特征。

第八章：在静态下进行了芯片分拣臂的实验模态分析实验，验证应变模态分析方法辨识模态参数结果的准确性。在工作运行下，通过应变模态分析方法得到的位移振型一致性很高，解决了高频、轻质运行机构工作模态参数较难辨识的问题。然后，利用谐波小波变换对芯片分拣臂系统的旋转轴的不平衡性进行分析，研究分选机系统旋转轴的扭转振动对芯片分拣臂终端振动的影响。

第九章：基于高频往复运行结构振动特性与芯片排列误差分析，针对分拣臂结构高、低频振动特性，给出分拣臂结构高频往复运行状态下振动抑制方法,并进行有效性试验验证。

第十章:全书总结与展望。

本书研究架构如图 1-2 所示。

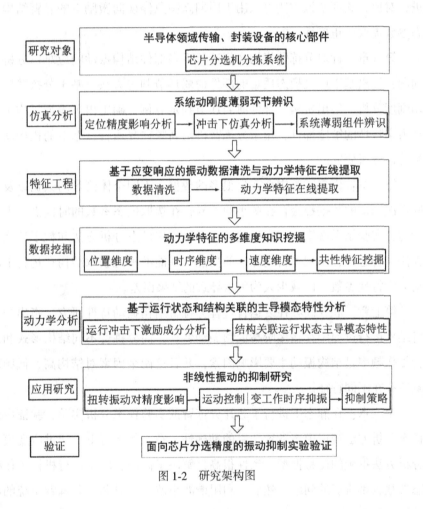

图 1-2 研究架构图

第 2 章
基于应变响应的模态参数辨识方法

高频往复轻质结构在工况下需要频繁启停, 在启停的瞬间由于惯性产生的振动直接影响结构终端的定位精度和定位时间。然而, 现有的振动分析方法常适用于辨识静态下结构的模态参数, 不适用于辨识高频运行下结构的模态参数, 主要有以下几点原因: (1)在高频运行情况下, 惯性离心力的作用使得传感器与被测物的结合面产生间隙, 影响测量响应的结果; (2)振动传感器附着在轻质结构上会改变其结构特性; (3)加速度信号需要经过两次积分才能获得位移信号, 在两次积分过程中会丢失一些重要的信息。因此, 辨识轻质结构在高频运行下的动力学特性参数一直是个难题。应变模态测试方法有以下优点: (1)应变传感器可以紧密贴合在结构的表面, 能捕捉到结构在运动下表面细小的变化; (2)应变传感器质量较轻可忽略不计, 在获取轻质结构的振动响应信号时, 不会因为其自身附加质量影响测试的结果; (3)应变信号只需要一次积分即可得到位移信号, 较完整的保留原始信号的信息; (4)采用应变计可以实时在线的获取位移信号, 这是其他传感器无法做到的。研究表明应变计可以用于测量高频运行下的结构的响应, 针对测量轻质结构的工况振动响应有比较好的优势。本章将应变模态测试方法运用到轻质结构的模态测试中, 获取轻质结构在工况下的振动响应, 进而辨识其工作模态参数, 分析其运行下的动态特性。

2.1 基于应变响应的位移模态参数辨识方法

从模态分析理论上, 应变可以通过积分得到位移, 同样的位移可以通

过微分得到应变，两者存在着相互对应的关系。通过位移信号可以辨识出
位移模态参数，那么也能够通过应变信号辨识出应变模态参数，建立应变
响应的模态分析方法。

2.1.1　结构的应变模态分析方法基本原理

传统的模态参数辨识方法主要分为实验模态分析方法与工作模态分析
方法。实验模态分析方法主要利用被测结构的频响函数来辨识结构的模态
参数，该方法需要对结构实施人工激励，并测量人工激励下的结构振动响
应。由于该方法需要精确测量人工激励与结构振动响应之间的精确关系，
为消除其他激励力因素的影响，实验模态分析方法只能在被测结构静止的
条件下进行。在实际工作状态下，被测结构的激励往往不可测，工作模态
分析方法仅仅利用被测结构工作状态下的结构响应来辨识模态参数。工作
模态分析方法主要利用结构振动响应的互相关函数来辨识结构的模态
参数：

$$\{y(t)\} = [\varphi]\{p(t)\} \tag{2-1}$$

其中 $\{y(t)\}$ 为结构的振动位移响应，$[\varphi]$ 是模态矩阵，$\{p(t)\}$ 是模态
坐标向量。依据公式(2-1)，响应的相关性方程可以用下式表示：

$$[R_{yy}(\tau)] = E[\{y(t+\tau)\}\{y(t)\}^T] = E[[\varphi]\{p(t+\tau)\}\{p(t)\}^T[\varphi]^T]$$
$$\tag{2-2}$$

由于模态阵型与随机过程无关，上式可以进一步做如下简化：

$$[R_{yy}(\tau)] = E[\{y(t+\tau)\}\{y(t)\}^T] = [\varphi][R_{pp}(\tau)][\varphi]^T \tag{2-3}$$

其中 $[R_{pp}(\tau)]$ 是模态坐标的相关性方程。对公式(2-3)进行傅立叶变
换可以获得振动响应的功率谱密度矩阵(PSD)：

$$[G_{YY}(w)] = [\varphi][G_{pp}(w)][\varphi]^H \tag{2-4}$$

当模态坐标不相关时，功率谱密度矩阵对称。对功率谱密度矩阵进行
奇异值分解可得：

$$[G_{YY}(W)] = [U][\varSigma][V]^H \tag{2-5}$$

其中，$[U]$ 和 $[V]$ 互为西矩阵，$[\varSigma]$ 为奇异值矩阵，奇异值按降序排

列。由于功率谱密度矩阵为正定矩阵，因此 $[U] = [V]$ ，此时公式(2-5)可改写为：

$$[G_{YY}(w)] = [U][\Sigma][U]^H = \sum_{i=1}^{n}\{u_i\}\sigma_i\{u_i\}^H \tag{2-6}$$

式中，$\{u_i\}$ 为第 i 阶模态振型，σ_i 为第 i 阶奇异值。其中 σ_i 可以进一步表示为：

$$\sigma_i = -\xi_i\omega_i + j\sqrt{1-\xi_i^2}\,\omega_i \tag{2-7}$$

式中，ξ_i 为第 i 阶模态阻尼比，ω_i 为第 i 阶模态固有频率。通过公式(2-7)可知，利用工作状态下结构的振动位移响应可以辨识结构的固有频率、阻尼比以及模态振型。

然而，传统的工作模态分析方法通常需要利用加速度传感器来测量结构的振动响应，这种方法对大型结构往往比较有效。然而，对于质量较轻、运行速度较大的高频运动结构而言，传感器的质量会产生质量附加效应，对被测结构的模态参数辨识结果产生较大的误差。由于应变片质量较小，采用应变模态分析方法可有效避免上述问题，应变模态分析方法的基本思想是认为结构应变与结构的振动位移相对应，它们是同一能量平衡状态的两种表现形式，因此建立基于应变响应的振动特性分析方法首先需要建立振动状态下，结构的应变特征量与模态参数之间的对应关系。对于高频运行机构，工作时序中旋转分拣臂机构多自由度运动引入的惯性冲击对机构部件结构作用复杂，而应变测量可以在分拣臂高频运行下进行振动量的测量。

2.1.2　位移模态与应变模态之间的关系

按照位移模态理论，模态之间相互独立，那么结构的位移响应可以用各模态按贡献量的大小按照特定比例之和来表示，如公式(2-8)所示：

$$\{x\} = \sum_{r=1}^{m}q_r\{\varphi_r\} \tag{2-8}$$

类比，结构的应变响应用公式(2-9)表示：

$$\{\varepsilon\} = \sum_{r=1}^{m} q'_r \{\psi_r\} \tag{2-9}$$

其中，m 为模态阶数，$\{x\}$、$\{\varphi_r\}$ 分别表示结构的位移响应和第 r 阶位移模态振型，q_r 表示第 r 阶位移模态在位移响应中所占的比例，定义为位移模态坐标；相对应的 $\{\varepsilon\}$、$\{\psi_r\}$ 分别表示结构应变响应和第 r 阶应变模态振型，而 q'_r 表示第 r 阶应变模态在应变响应中所占的比例，定义为应变模态坐标。

对于每一阶位移模态都有一个与之相对应的应变模态，位移模态和应变模态是结构体在同一能量平衡状态下的两种不同的表达形式[①]。因此 $\{\varphi_r\}$ 在 $\{x\}$ 中所占比例与 $\{\psi_r\}$ 在 $\{\varepsilon\}$ 中所占比例应该相同，即公式(2-10)：

$$q'_r = q_r = \frac{\{\varphi_r\}^T \{F\} e^{j\omega t}}{k_r - \omega^2 m_r + j\omega c_r} \tag{2-10}$$

式中，m_r、k_r、c_r 分别为第 r 阶模态质量、模态刚度和模态阻尼矩阵，均为对角阵，ω 表示模态固有频率，$\{F\}$ 表示激励的幅值向量。相应的结构应变响应可以表示为与位移模态表达式类似的公式(2-11)：

$$\{\varepsilon\} = \sum_{r=1}^{m} q'_r \{\psi_r\} = \sum_{r=1}^{m} \frac{\{\psi_r\}\{\varphi_r\}^T}{k_r - \omega^2 m_r + j\omega c_r} \{F\} e^{j\omega t} \tag{2-11}$$

至此，已经证明了应变模态与位移模态存在的变换关系。

2.1.3　实验模态下基于应变响应的位移模态参数辨识方法

由公式(2-11)，在应变频响函数矩阵中的某一个元素，若以 i 表示输入坐标，以 j 为输出坐标(i，$j = 1$，2，…，n)，则应变频响函数可表示为公式(2-12)：

$$H^e_{ij}(\omega) = \frac{\varepsilon_i(\omega)}{f_j(\omega)} = \sum_{r=1}^{m} \frac{\{\psi_{ir}\}\{\varphi_{jr}\}^T}{-\omega^2 m_r + j\omega c_r + k_r}$$

---

① 李德葆，陆秋海．试验模态分析及其应用[M]．科学出版社，2001.

40

$$= \sum_{r=1}^{m} \frac{\boldsymbol{\psi}_{ir}}{m_r \left[(\omega_r^2 - \omega^2) + 2j\boldsymbol{\xi}_r \omega_r \omega \right]} \boldsymbol{\varphi}_{jr}^{T} \qquad (2\text{-}12)$$

式中，$\{\boldsymbol{\psi}_{ir}\}$ 为第 r 阶应变模态振型在 i 点处的振型矢量，$\{\boldsymbol{\varphi}_{jr}\}$ 为第 r 阶位移模态振型在 j 点处的振型矢量，ω_r 为第 r 阶模态的固有频率，ξ_r 为第 r 阶模态的阻尼比。其中 $k_r = m_r \omega_r^2$，$\boldsymbol{\xi}_r = \dfrac{c_r}{2m_r\omega_r} = \dfrac{c_r}{2\sqrt{m_r k_r}}$。

分析公式(2-12)可知，应变频响函数及其矩阵有以下特点：

(1) 由于 $\{\boldsymbol{\psi}_{ir}\}\{\boldsymbol{\varphi}_{jr}\}^{T} \neq \{\boldsymbol{\psi}_{jr}\}\{\boldsymbol{\varphi}_{ir}\}^{T}$，因此有 $\boldsymbol{H}_{ij}^{\varepsilon} \neq \boldsymbol{H}_{ji}^{\varepsilon}$，即应变频响函数矩阵为非对称阵；

(2) $[\boldsymbol{H}^{\varepsilon}]$ 中的任一元素 $\boldsymbol{H}_{ij}^{\varepsilon}$ 的表达式都含有 m_r、k_r、c_r 的信息；

(3) 应变频响函数矩阵的一行含有 $\{\boldsymbol{\varphi}_r\}$ 的所有信息，可以辨识出位移模态参数，矩阵的一列含有 $\{\boldsymbol{\psi}_r\}$ 的所有信息，即可以辨识出应变模态参数；

(4) 在测量应变频响函数矩阵任意一列时，由于激振点固定，所以 $\boldsymbol{\varphi}_r$ 对于每一阶模态来说为一常数。所以，只需测量一列，利用模态分析软件识别便可得到应变模态参数；

(5) 在测量应变频响函数矩阵任意一行时，由于响应点固定，所以 $\boldsymbol{\psi}_r$ 对每一阶模态为一常数。所以，只需测量一行，便可得到位移模态参数。

于是，在 j 点激励引起 i 点响应的应变频响函数矩阵为公式(2-13)：

$$[\boldsymbol{H}_{ij}^{\varepsilon}] = \sum_{r=1}^{m} \frac{\{\boldsymbol{\psi}_r\}\{\boldsymbol{\varphi}_{jr}\}^{T}}{-\omega^2 m_r + j\omega c_r + k_r} = \sum_{r=1}^{m} \frac{\left[\{\boldsymbol{\psi}_r\}\boldsymbol{\varphi}_{1r} \quad \{\boldsymbol{\psi}_r\}\boldsymbol{\varphi}_{2r} \quad \cdots \quad \{\boldsymbol{\psi}_r\}\boldsymbol{\varphi}_{nr} \right]}{m_r \left[(\omega_r^2 - \omega^2) + 2j\boldsymbol{\xi}_r \omega_r \omega \right]}$$

$$(2\text{-}13)$$

在应变实验辨识中，结构上布置 n 个测点，测试某一固定点的应变值，得到应变频响函数矩阵的一行：

$$\{H_{i1}^{\varepsilon} \quad H_{i2}^{\varepsilon} \quad \cdots \quad H_{in}^{\varepsilon}\} = \sum_{r=1}^{m} \frac{\boldsymbol{\psi}_{ir}}{m_r \left[(\omega_r^2 - \omega^2) + 2j\boldsymbol{\xi}_r \omega_r \omega \right]} \{\varphi_{1r} \quad \varphi_{2r} \quad \cdots \quad \varphi_{nr}\}$$

$$(2\text{-}14)$$

关于同一阶应变模态，模态质量 m_r、模态刚度 k_r、模态阻尼 c_r 和应变

模态 ψ_r 均为常数。所以，定义一个应变-位移模态振型系数 C_1，使得：

$$C_1 = \frac{\psi_{ir}}{m_r\left[(\omega_r^2 - \omega^2) + 2j\xi_r\omega_r\omega\right]} \tag{2-15}$$

则对应第 r 阶应变频率响应函数为：

$$\{H_{i1}^\varepsilon \quad H_{i2}^\varepsilon \quad \cdots \quad H_{in}^\varepsilon\} = C_1\{\varphi_{1r} \quad \varphi_{2r} \quad \cdots \quad \varphi_{nr}\} \tag{2-16}$$

根据模态振型的定义可知，位移模态振型仅与测点的振动幅值 $|H^\varepsilon|$ 相关，而与 C_1 无关。所以，对多测点进行激励，测量某一个测点的振动响应，获得全部测点振动幅值 $|H^\varepsilon|$，进而可以计算出位移模态振型。将各阶模态测点的最大应变幅值作归一化因子，以相位角确定各测点模态振型的正负。根据公式(2-9)将各测点幅值进行归一化即可得到位移模态振型。

2.1.4 工作模态下基于应变响应的位移模态参数辨识方法

当无法获取激励的输入信号且只能测到输出响应时，假设参考点的响应作为系统的输入激励，其余测点的响应和这点之间均有线性关联，通过响应点与参考点之间的传递函数来辨识模态参数。在 n 个测点中取任一固定参考点 g（$g = 1, 2, \cdots, n$），则传递函数为：

$$T_i(\omega) = \frac{\varepsilon_i(\omega)}{\varepsilon_g(\omega)} \tag{2-17}$$

对于结构上任意一点 i 的动态应变响应 $\varepsilon_i(\omega)$ 可用 j 点的激励力 $f_j(\omega)$ 和结构系统的频率响应函数 $H_{ij}^\varepsilon(\omega)$ 表示为：

$$\varepsilon_i(\omega) = H_{ij}^\varepsilon(\omega) \cdot f_j(\omega), \quad (i, j = 1, 2, \cdots, n) \tag{2-18}$$

假设环境激励情况下，所施加的激励力信号在包含结构全部模态的频率之内为宽频谱信号，其功率谱密度函数近似均布，则结构各点的激励力满足：

$$f_j(\omega) = C_2 \tag{2-19}$$

式中 C_2 是常数。公式(2-18)可写成：

$$\varepsilon_i(\omega) = C_2 \cdot H_{ij}^\varepsilon(\omega) \tag{2-20}$$

由公式(2-20)可知，结构的响应谱 $x_i(\omega)$ 与结构系统的频率响应函数

$H_i(\omega)$（实模态）等价，所以通过响应谱 $\varepsilon_i(\omega)$ 可以得到频率值。将公式(2-20)带入公式(2-17)可得：

$$T_i(\omega) = \frac{\varepsilon_i(\omega)}{\varepsilon_g(\omega)} = \frac{f_j(\omega) \cdot H_{ij}(\omega)}{f_j(\omega) \cdot H_{gj}(\omega)} = \frac{H_{ij}(\omega)}{H_{gj}(\omega)} \tag{2-21}$$

由公式(2-21)可知，$T_i(\omega)$ 包含结构全部的模态参数。假设结构各模态之间相互独立，那么可以认为结构在固有频率处的响应主要是本阶模态的振动，其他阶模态影响很小。

同前面实验一样，在结构上采用布置 n 个测点进行激励，测得固定点的应变响应。那么在点 i，g 分别激励，在点 j 测得应变响应。则传递函数为：

$$T_i(\omega) = \frac{\varepsilon_{ji}(\omega)}{\varepsilon_{jg}(\omega)} = \frac{f_i(\omega) \cdot H_{ji}(\omega)}{f_g(\omega) \cdot H_{jg}(\omega)} = C_3 \frac{H_{ji}(\omega)}{H_{jg}(\omega)} \tag{2-22}$$

这里：$\frac{f_i(\omega)}{f_g(\omega)} = C_3$，$C_3$ 为常数。

将公式(2-12)代入公式(2-22)，则对应第 r 阶应变传递率函数为：

$$T_i(\omega) = C_3 \frac{H_{ji}(\omega)}{H_{jg}(\omega)} = C_3 \frac{\dfrac{\{\boldsymbol{\psi}_{jr}^\varepsilon\}}{m_r[(\omega_r^2-\omega^2)+2j\boldsymbol{\xi}_r\omega_r\omega]}\{\boldsymbol{\varphi}_{ir}\}^T}{\dfrac{\{\boldsymbol{\psi}_{jr}^\varepsilon\}}{m_r[(\omega_r^2-\omega^2)+2j\boldsymbol{\xi}_r\omega_r\omega]}\{\boldsymbol{\varphi}_{gr}\}^T} = C_3 \frac{\{\boldsymbol{\varphi}_{ir}\}^T}{\{\boldsymbol{\varphi}_{gr}\}^T}$$

$$\tag{2-23}$$

分母中 g 点是参考点，因此存在确定的频率 ω_r，使得 $\{\boldsymbol{\varphi}_{gr}\}^T$ 是定值，设 $C_4 = \dfrac{C_3}{\{\boldsymbol{\varphi}_{gr}\}^T}$，$C_4$ 为常数，所以公式(2-23)简化为：

$$T_i(\omega) = C_4\{\boldsymbol{\varphi}_{ir}\}^T \tag{2-24}$$

由公式(2-24)可知，通过直接获得 $T_i(\omega)$ 在 ω_r 处的幅值和相位，以各阶模态对应测点应变幅值的最大值作归一化因子，以相位角确定各测点模态振型的正负，便可获得频率在 ω_r 处结构的工作变形(ODS)，可以等效为第 r 阶模态振型。

功率谱估计方法：

$$P_{ii}(\omega) \propto \varepsilon_i(\omega) \cdot conj(\varepsilon_i(\omega)) \propto |\varepsilon_i(\omega)|^2 \propto |H_i(\omega)|^2 \qquad (2\text{-}25)$$

$$P_{ij}(\omega) \propto \varepsilon_i(\omega) \cdot conj(\varepsilon_j(\omega)) \qquad (2\text{-}26)$$

其中，$P_{ii}(\omega)$ 表示 i 点响应信号的自功率谱，$P_{ij}(\omega)$ 表示 i，j 两点响应信号的互功率谱，$conj(*)$ 表示 $*$ 的复共轭。

由公式(2-18)可知，$P_{ii}(\omega)$ 与 $|H_i(\omega)|^2$ 是正比关系，因此它们存在同样的极点，因此可将频率响应函数(FRF)幅值图用响应点的自功率谱密度(PSD)图取代，它们具有共同的峰值，从而得到固有频率和阻尼。

又由公式(2-12)和公式(2-20)可得：

$$\varepsilon_i(\omega) = C_2 \cdot H_{ij}^{\varepsilon}(\omega) = C_2 \frac{\{\boldsymbol{\psi}_{ir}^{\varepsilon}\}}{-\omega^2 m_r + j\omega c_r + k_r} \{\boldsymbol{\varphi}_{jr}\}^T \qquad (2\text{-}27)$$

由公式(2-27)可知，频率响应函数的极点数值与响应点的位置无关，再由公式(2-25)、公式(2-26)相似的形式可知，$P_{ii}(\omega)$ 与 $P_{ij}(\omega)$ 存在同样的极点，因此可以用响应点与参考点之间的互功率谱取代频率响应函数的幅值图，它们具有共同的峰值，从而获得固有频率和阻尼。

2.2　基于应变响应的位移模态参数验证

2.2.1　基于应变响应的位移模态参数识别

实验所用尺寸为 1500mm×30mm×8mm（规格为长×宽×高）的均质钢梁，材料弹性模量为 $2.1×10^5 N/mm^2$，密度为 $7890kg/m^3$。在梁上均匀布置 13 个测点，各点编号如图 2-1 所示，每个测点沿 Y、Z 方向分别布置应变传感器。同时，在 13 个测点采用加速度传感器进行实验，作为对比。激振器产生白噪声信号，用动态应变信号采集分析仪进行应变数据的采集，采用 LMS 振动信号采集前端采集加速度响应信号，采样频率设置为 5000 Hz。实验用到的设备等信息罗列在表 2-1 中，实验现场测试如图 2-2 所示。

表 2-1 实验设备详细信息

设备名称	型 号
加速度信号数据采集设备	比利时 LMS 振动信号采集前端(LMS SCADAS SCM05)
加速度信号分析软件	比利时 LMS 振动信号采集及分析系统软件(LMS Test. Lab 10B)
应变信号数据采集设备	动态应变测试分析仪(东华 DH5929)
应变信号分析软件	应变信号数据分析系统(东华 DH5929)
加速度传感器	加速度传感器(PCB-356A15),测量频带范围 2-5000Hz,误差±5%
应变传感器	电阻应变计(中航电测 BA 系列)
被测对象	45 号钢梁

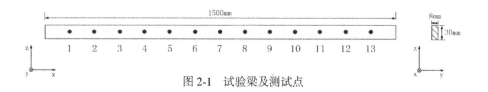

图 2-1 试验梁及测试点

对钢制梁进行了三种约束状态(即悬臂状态、自由状态、简支状态)模态试验,每个状态下分别进行 3 组实验。针对在不同约束状态下的钢制梁,基于应变响应,采用第 2.1 节提出的模态参数辨识方法,经变换得到的位移振型和传统模态测试进行对比,验证该方法的可靠性。同时,也将对梁不同状态下的位移振型和应变振型的差异进行对比分析。

实验一:采用多点(1~13 号测点)激励,单点(5 号测点)拾振,沿 z 方向施加。由 DH5929 采集测点的应变响应,得到应变频率响应函数矩阵的一行。经第 2.1 节提到的方法,变换得到位移振型。

实验二:采用单点激励(5 号测点),多点(1~13 号测点)拾振,沿 z 方向施加。由 DH5929 采集测点的应变响应,得到应变频率响应函数矩阵的一列。经第 2.1 节提到的方法,变换得到应变振型。

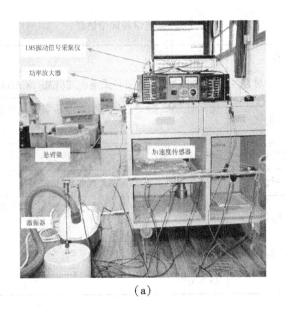

（a）

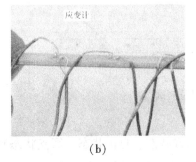

（b）

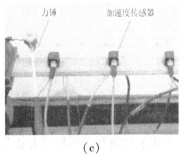

（c）

图 2-2　（a）实验现场测试图　（b）应变计布置　（c）加速度计布置

　　实验三：采用单点激励（9 号测点），多点（1～13 号测点）加速度传感器拾振，沿 z 方向施加。由 LMS 振动采集系统采集测点加速度响应，得到位移频率响应函数，采用传统模态测试方法得到位移振型。

2.2.2　悬臂状态下基于应变响应的位移振型

　　图 2-3 是将频率响应函数曲线用 PolyMAX 算法所得到的频率响应函数稳态图，图中字母"s"表示极点在公差范围内的频率、阻尼和向量最稳定，"s"比较多的频率处可以认为是一阶模态。

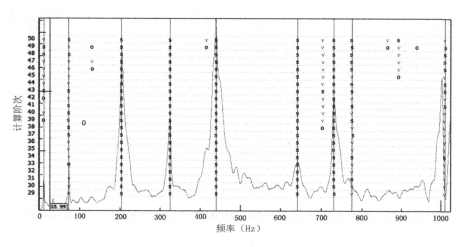

图 2-3　模态频率稳态图

为了保证结果的准确性，实验中进行多次采样，表 2-2 为其中三次采样识别出的模态参数。应变模态方法和位移模态方法辨识的阻尼固有频率和阻尼比如表 2-2 所示。

表 2-2　模态参数比较

序号	模态	应变模态	位移模态	误差
1	阻尼固有频率(Hz)	10.254	9.986	2.6%
	阻尼比(%)	2.25	1.97	—
2	阻尼固有频率(Hz)	78.454	76.904	1.9%
	阻尼比(%)	0.48	2.02	—
3	阻尼固有频率(Hz)	216.483	213.623	1.3%
	阻尼比(%)	1.96	2.75	—
4	阻尼固有频率(Hz)	333.269	329.593	1.1%
	阻尼比(%)	2.71	2.42	—

续表

序号	模态	应变模态	位移模态	误差
5	阻尼固有频率(Hz)	469.154	458.984	2.2%
	阻尼比(%)	2.69	1.76	——
6	阻尼固有频率(Hz)	690.765	678.334	1.7%
	阻尼比(%)	2.83	3.54	——

通过悬臂梁应变频率响应函数曲线,可以读取各测点应变幅值大小及相位角。由于相位角只决定测点振型的正负问题,其数值上的大小不影响振型正负的判断,因而测量过程中无须过多考虑相位测量数值上的误差。表 2-3 和表 2-4 分别为各测点应变频响归一化的幅值及相位符号。

表 2-3　前 6 阶应变频率响应函数的振幅

测点	幅　值($\mu\varepsilon$)					
	一阶	二阶	三阶	四阶	五阶	六阶
1	0.04	0.05	0.11	0.08	0.12	0.03
2	0.05	0.12	0.33	0.29	0.44	0.35
3	0.08	0.37	0.69	0.75	1.00	0.94
4	0.11	0.55	0.86	0.78	0.66	0.59
5	0.16	0.68	1.00	0.89	0.06	0.12
6	0.21	0.74	0.35	0.29	0.86	0.08
7	0.24	1.00	0.78	1.00	0.31	0.49
8	0.32	0.91	0.92	0.72	0.75	0.69
9	0.42	0.73	0.95	0.61	0.88	0.67
10	0.54	0.66	0.65	0.22	0.13	0.16
11	0.67	0.21	0.21	0.68	0.87	0.25
12	0.84	0.16	0.43	0.39	0.12	1.00
13	1.00	0.33	0.77	0.59	0.94	0.7

表 2-4 前 6 阶应变频率响应函数的相位符号

测点	相 位 符 号					
	一阶	二阶	三阶	四阶	五阶	六阶
1	+	+	+	+	+	+
2	+	+	−	−	+	+
3	+	+	−	−	+	+
4	+	+	−	−	+	+
5	+	+	−	−	+	+
6	+	+	+	+	−	−
7	+	+	+	+	+	+
8	+	+	+	+	+	+
9	+	+	+	+	+	+
10	+	+	+	−	−	−
11	+	+	+	−	−	−
12	+	−	−	−	+	+
13	+	−	−	+	+	−

通过 2.1 节介绍的方法，从实验 1 可以得到经应变转换的位移模态振型，如图 2-4 中◇线。按照同样的方法通过实验 2 可以得到应变振型，如图 2-4 中○线。实验 3 是传统的模态测试方法得到的位移振型，在这里仅作对比，如图 2-4 中✳线。

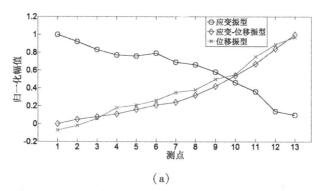

(a)

图 2-4 悬臂梁的模态振型（a）-（f）表示一到六阶模态(1)

49

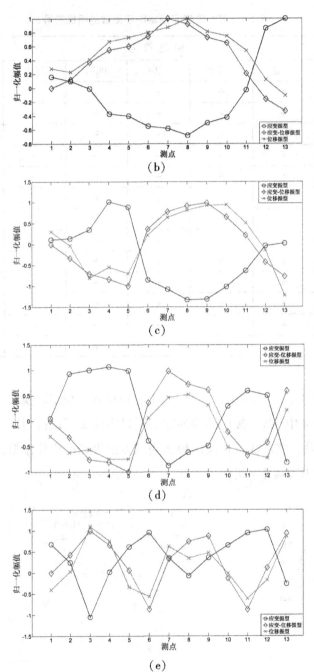

(b)

(c)

(d)

(e)

图 2-4　悬臂梁的模态振型 (a) - (f)表示一到六阶模态(2)

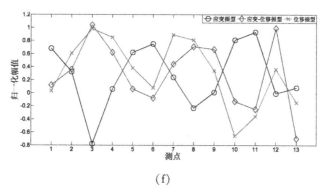

(f)

图2-4 悬臂梁的模态振型 (a) - (f)表示一到六阶模态(3)

2.2.3 自由状态下基于应变响应的位移振型

同样的，对自由状态下的钢制梁也进行了前面的实验，在这里就不过多的论述实验过程，如图2-5所示。

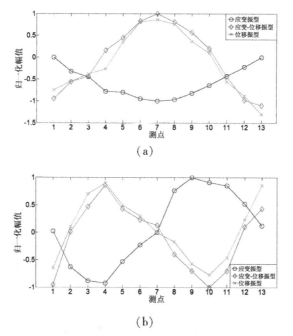

(a)

(b)

图2-5 自由梁的模态振型 (a) - (f)表示一到六阶模态(1)

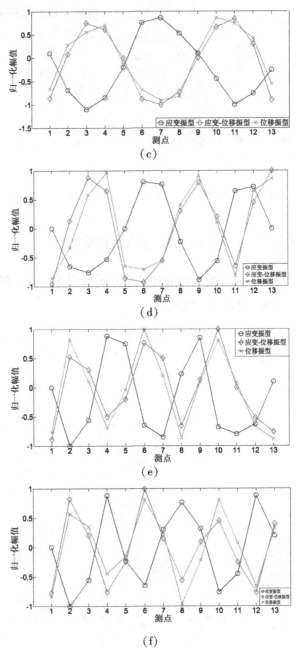

图 2-5　自由梁的模态振型（a）-（f）表示一到六阶模态（2）

2.2.4 简支状态下基于应变响应的位移振型

同样的，对简支状态下的钢制梁也进行了前面的实验，在这里就不过多的论述实验过程，如图 2-6 所示。

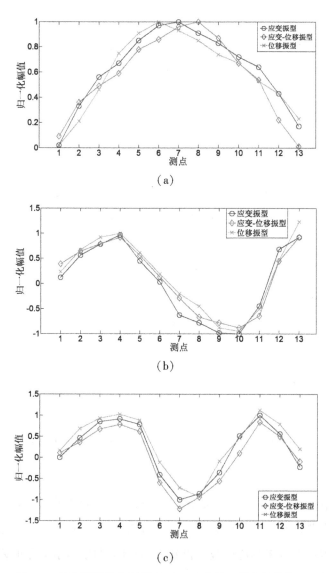

图 2-6 简支梁的模态振型（a）-（f)表示一到六阶模态(1)

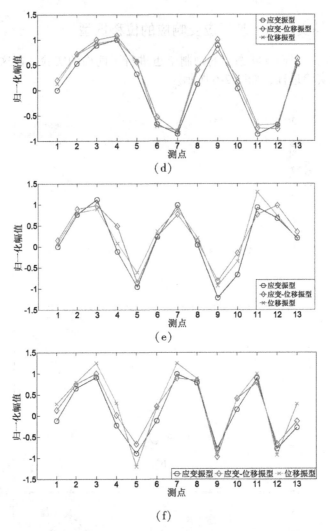

(d)

(e)

(f)

图 2-6　简支梁的模态振型（a）-（f）表示一到六阶模态（2）

　　对钢制梁进行了三种约束状态（即悬臂状态、自由状态和简支状态）下的应变模态测试和传统的模态测试。通过第 2.1 节的方法，我们可以通过应变计获得应变频率响应函数，得到频率和阻尼比，同时经过变换得到位移振型。并与传统的位移模态测试方法获得位移振型对比，发现位移振型一致性很高，证明了方法的有效性和可靠性。

加速度传感器的质量远远大于应变计的质量，应变计的质量可以忽略不计。基于应变响应分析得到的位移振型比传统的模态测试更加真实。同时，通过观察位移振型和应变振型图，我们还可以得到，对于不同约束下的结构，位移振型和应变振型的对应关系。在悬臂状态下，位移振型和应变振型可能是相反的；在自由状态下，位移振型和应变振型可能是相反的；在简支状态下，位移振型和应变振型可能是相同的。因此，对于简单的结构，在无法采用位移模态测试的情况下，采用应变模态推导其位移模态是可行的。

2.3　位移模态与应变模态的变换

根据材料力学理论，等截面梁的运动方程为

$$EI \frac{\partial^4 \omega(x,\ t)}{\partial x^4} + \rho \frac{\partial^2 \omega(x,\ t)}{\partial t^2} + C \frac{\partial \omega(x,\ t)}{\partial t} = f(x,\ t) \qquad (2\text{-}28)$$

其中，EI 表示截面抗弯系数，ρ 表示线密度，C 表示黏性阻尼系数，$\omega(x,\ t)$ 表示振动位移响应，$f(x,\ t)$ 表示激振力。根据模态叠加法理论，公式(2-28)的解可以写成：

$$\omega(x,\ t) = \sum_{r=1}^{n} \varphi_r(x) q_r(t) \qquad (2\text{-}29)$$

式中：$\varphi_r(x)$ 为第 r 阶位移模态振型，$q_r(t)$ 为对应的模态坐标，n 为所取的模态阶数。根据位移模态振型之间的正交性，有：

$$m_r \ddot{q}_r(t) + c_r \dot{q}_r(t) + k_r q_r(t) = f_r(t) \quad r = 1,\ 2,\ \cdots,\ n \qquad (2\text{-}30)$$

式中，

$$\begin{cases} m_r = \displaystyle\int_0^l \varphi_r^2(x) \rho \, \mathrm{d}x \\[2mm] c_r = \displaystyle\int_0^l C \varphi_r^2(x) \rho \, \mathrm{d}x \\[2mm] k_r = \displaystyle\int_0^l EI \left[\varphi_r^2(x) \right]^2 \rho \, \mathrm{d}x \\[2mm] f_r = \displaystyle\int_0^l \varphi_r(x) f(x,\ t) \, \mathrm{d}x \end{cases} \qquad (2\text{-}31)$$

55

其中 l 为梁长，公式(2-30)对应于各阶模态振动微分方程的解为：

$$q_r(t) = \frac{f_{r0}}{k_r - \omega^2 m_r + j\omega c_r} e^{j\omega t} \tag{2-32}$$

式中 f_{r0} 为对应于 r 阶模态的幅值。根据材料力学理论，梁上一点的应变为：

$$\varepsilon_x = \frac{\partial^2 \omega(x,\ t)}{\partial x^2} \cdot \frac{h}{2} \tag{2-33}$$

式中 h 为梁的高度，将公式(2-29)代入公式(2-33)得应变随时间变化的公式(2-34)：

$$\varepsilon_x = \sum_{r=1}^{n} \frac{\varphi_r^2(x) h}{2} q_r(t) \tag{2-34}$$

从公式(2-34)可以看出梁上一点的应变响应是各阶主振型的叠加，因此第 r 阶主振型的应变为：

$$\varepsilon_x^r = \varphi_r^2(x) \cdot \frac{h}{2} \cdot q_r(t) = \psi_r(x) q_r(t) \tag{2-35}$$

此处 $\psi_r(x) = \varphi_r^2(x) \cdot \dfrac{h}{2}$ 表示第 r 阶应变主振型。悬臂梁的位移模态振型①为：

$$\varphi_r(x) = (e^{-kx} + e^{kx})/2 - \cos kx - \frac{(e^{kl} - e^{-kl})/2 - \sin kl}{(e^{-kl} + e^{kl})/2 + \cos kl}((e^{kx} - e^{-kx})/2 - \sin kx) \tag{2-36}$$

由公式(2-35)和(2-36)可得到梁的应变模态振型：

$$\psi_r(x) = (e^{-kx} + e^{kx})/2 + \cos kx - \frac{(e^{kl} - e^{-kl})/2 - \sin kl}{(e^{-kl} + e^{kl})/2 + \cos kl}((e^{kx} - e^{-kx})/2 + \sin kx) \tag{2-37}$$

从公式(2-36)和公式(2-37)可以发现，通过位移模态振型是很难获得

---

① Hillary B, Ewins D J. The use of strain gauges in force determination and frequency response function measurements [C]. Proceedings of the 2nd International Modal Analysis Conference and Exhibit, 1984: 6-9.

应变模态振型。

2.4 本章小结

　　本章将实验模态分析法和应变模态分析法相结合，提出静态下基于应变响应的位移模态参数在线简便辨识方法；同时，将工作模态分析法和应变模态分析法结合，提出运行下基于应变响应的位移模态参数在线简便辨识方法。在不同约束状态下对简单梁结构进行应变模态测试和传统模态测试，验证了实验应变模态分析的可靠性。同时，掌握了不同约束下简单梁结构位移振型和应变振型的对应关系，即在悬臂状态下，位移振型和应变振型是相反的；在自由状态下，位移振型和应变振型是相反的；在简支状态下，位移振型和应变振型是相同的。因此，对于简单的被测结构，还可以通过应变振型来推断其位移振型。该方法简化了辨识位移模态参数烦琐的计算过程，缩减了实测分析的过程，为高频运行轻质结构工作模态参数的辨识提供依据。

第3章
基于大数据技术的悬臂机构振动特性研究

前面介绍了关于芯片分选机悬臂结构的振动研究发展现状、工作条件下悬臂结构模态分析研究现状、符号回归智能化在线识别悬臂机构模态参数的三个方面。传统的模态参数识别方法只停留在静态结构或者运行激励满足白噪声条件情况以及工程小批量振动分析。如何将模态参数识别方法应用于运行激励不属于传统的白噪声条件、大批量和大数据模式自动化控制上是很重要的。本章将介绍一种新的运行激励属于周期高频急停换向激励条件下的基于符号回归的改进实验模态分析方法的理论推导,认为该激励就是周期脉冲激励的条件下,将传统的实验模态参数识别方法和动态自适应算法符号回归方法结合起来,得到能够应用于芯片分选机高频下旋转分拣臂振动特性分析的需要。

本章研究的悬臂机构运行条件下的周期高频急停换向激励与静态条件下的敲击激励类似,同时动态下的结构形态和静态下不同,因而本章采用一种新的实验模态分析手段用于高频下模态参数识别,认为周期高频急停换向激励满足脉冲激励假设,响应是足够次数等间歇的单次脉冲激励响应的叠加,在不测量激励力的情况下,基于应变响应信号进行动态自适应模态参数识别。先介绍符号回归遗传规划算法的内容,接着阐述遗传规划算法和传统模态分析的切合,形成一种新的适用于激励不可测的情况的仅基于响应信号的实验模态分析方法,最终达到动态自适应识别出模态参数,进而分析芯片分选机高频下旋转分拣臂振动特性。

3.1 周期冲击激励下遗传规划中模态参数识别的算法分析

3.1.1 算法中模态个体表示方法和种群生成途径

系统各阶模态的表达式结构固定，应用遗传规划算法，可以简单地利用数学运算符号进行各阶模态的搜索。符号回归也叫函数辨识，相对于常规说的参数回归，传统的参数回归需要提前制定函数的参数化模型，换句话说，模型是固定的，而符号回归不一样，符号回归不需要提前制定函数模型，自动从数据集中搜索出数学规律(用函数模型表示)。传统的参数回归一般先设定好函数模型，在确定模型中的参数值。符号回归的优点在于不需制定函数模型。符号回归的优点在于：不易进入局部最优；个体采用二叉树层次化结构适应非线性情况。GP 算法是斯坦福大学 Koza 教授在 20 世纪 90 年代初提出来的。首先随机生成种群，种群通过个体的复制、交叉、变异等遗传算子操作来自动进化。

如图 3-1 所示，遗传规划采用层次化的树状形状来表示个体或者模型解。个体树的节点有叶节点和终节点，叶节点是函数运算符。图 3-1 所示是模态表达式 $f(x) = Ae^{Bt}\cos(Ct+D)$ 的树结构说明，这是一种二叉树结构。"$*$"和"$+$"分别表示数学乘法和加法。"t""B""A"和"C"表示的是变量和常数。

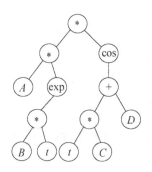

图 3-1　函数表达式 $f(x) = Ae^{Bt}\cos(Ct+D)$ 的层次化结构

遗传规划算法中会进行模态种群的生成和繁衍。进化计算是一种先进的智能化技术。它依靠种群操作可以在隐式和并行的情况下在解空间中搜索多个解，并利用不同解之间的差异设定罚函数得到最优解。因此，进化计算更适合于解决模型搜索问题。借鉴生物群体中社会信息共享机理，进行模态群体的进化。

模态种群的进化是通过个体的发育完成的，单个模态个体的生成方法有完全生成法和生长生成法两种，相应的模态群体生成也就有三种方法，分别为完全生成法、生长生成法，以及组合生成法。

完全生成法：产生的每一叶节点的层数等于系统设定的最大层数初始个体树结构。模态个体树结构中叶子点来自函数运算符组，然后根部内容来自函数集及终止符。然后对模态种群中新生长的个体进行发育判定，判定程序为：需要进行选择的根节点的层数<最大层数，该节点可以允许接着随机选取函数运算符号组或者终止符号组；如果是等于最大层数的情况，则该节点进行终止符集选取环节；大于的情况，该节点不做任何选取。

生长生成法：产生了叶节点层数不一定等于系统给定的最大层数初始模态个体树结构。同样首先从函数集中选取根节点，再选取外延节点。同样需要对模态种群中的个体的继续生长还是停止生长做出判定，判定程序为：第一种情况需要进行选择的根节点的层数小于最大层数，该节点可以允许接着随机选取函数运算符号组或者终止符号组；第二种情况需要进行选择的根节点的层数等于最大层数，则该节点进行终止符集选取环节；大于的情况，该节点不做任何选取。

组合生成法：这是前两种生长方法的组合模式，相当于一种并列或者交叉加法。首先，系统确定本次模态种群中每个初始模态个体的最大层数。在设定的最大层数内，进行模态个体的完全生成法生长和生长生成法生长，同时也需要进行模态个体下一步发育的判定。

3.1.2 识别技术中模态特征进化算子操作

遗传规划模态算子包括模态个体复制、交叉、变异等，遗传算子用于实现模态种群的自动进化。

(1)模态复制进化算子。

模态复制进化算子是遗传规划进化中一个主要的手段。复制模态个体来增加个体的数量，以及提高最优个体被选中的机会，增加算法收敛的速度。一个模态个体，最终变成了两个同样的模态个体。比如种群中有"A"模态个体，那么复制之后将在种群中出现两个"A"模态个体。

(2)模态交叉进化算子。

模态交叉进化算子也是遗传规划进化中一个主要的方式。两个模态个体树，随机地选着各自的节点，进行树枝的互换。然后，生成了两个新的模态个体。变异操作不单单能改变模态个体树的局部构造。替代选择变异部分，并且改变该节点所在的枝的其他部分。比如模态种群中存在两个模态个体结构"A=a+b"和"B=c+d"，那么交叉后的结果是，模态个体数量没变，但是模态个体"A"和模态个体"B"被消除，而模态个体"C=a+c"和"D=b+d"出现在种群中。这就是模态个体交叉进化的结果。

(3)模态变异进化算子。

模态变异进化算子也是遗传规划进化中一个主要的方式。变异概念和生物里面中的基因变异是一个很类似的概念，具体来说，随机选择模态个体中树中某个节点，然后随机生成一个树枝或者叶子，将该变异部分替代原来的模态个体需要变异部分，最后生成新的模态个体。变异操作只能改变模态个体树的局部构造。替代选择变异部分，而不改变其他部分。比如种群中存在模态个体"A=a+b+c"，如果变异部分为"b"，"b"换成"d"，那么本次变异的结果是出现新模态个体"B=a+d+c"。这就是一次变异操作的结果，模态个体数量前后没有发生变化。

图 3-2 是用于搜索模态参数表达式的 GP 的自动演化示意图(a)，GP 算法工作流程(b)和函数表达式的分层结构 $f(x)=Ae^{-\mu\cdot t}cos(\omega t+\varphi)$(c)。为了正确提取模态参数，与遗传算法(GA)相比，采用 GP 方法，可以避免相同的频率信号干扰，提高精度。GA 是一种在生物进化过程中模拟自然选择机制的全局优化方法，但遗传算法的结果将受到搜索区域的巨大影响。

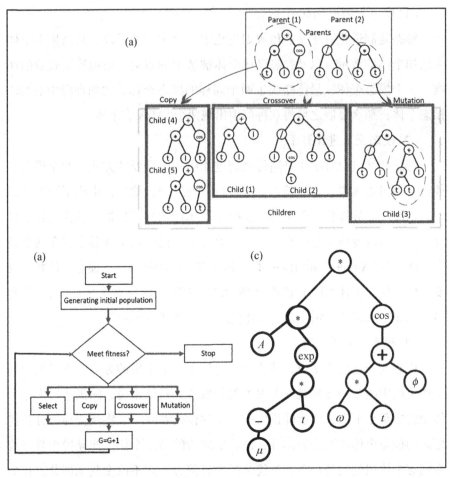

图 3-2　搜索模态参数表达式的 GP 的自动演化示意图(a)，GP 算法工作流程
(b)和函数表达式的分层结构 $f(x) = Ae^{-\mu t}\cos(\omega t + \varphi)$ (c)

与包括遗传算法的传统参数回归不同，GP 方法不需要先验知识来通过搜索函数的表达结构来反映系统响应数据中的信息和规律性。

现在可以通过求解来分解和识别 GP 算法后的系统响应：

$$x_{i,\,\text{estimated}}(t) = \sum\nolimits_{1}^{n} A_i\, e^{B_i t}\cos(\omega_i t + \varphi_i) \tag{3-1}$$

注意，A_i 是每个线性正常模式的幅值，B_i 是阻尼比和频率的积，ω_i、φ_i 分别是每个线性正常模式的固有频率和相位。

如图 3-2c 所示，GP 的程序是：第一步：随机生成一个模态群体，设置最大代数和其他终止条件。第二步：个人评估，这意味着计算人口中每个人的适合度值。步骤三：模态个体选择操作，这意味着基于适合度值将选择操作应用于当前模态群体。第四步：模态交叉操作，这意味着将模态交叉操作应用于人口以形成下一代。第五步：模态突变操作意味着将突变操作应用于人口。在步骤三、四、五，下一代人将根据适合度值获得。步骤六：终止条件判断意味着如果 $t=T$ 或满足其他终止条件，则将选择在处理中具有最合适适合度值的模态个体作为最佳条件。否则，返回第二步。

正常模式的模态参数识别的详细过程是：

GP 算法(图 3-2a，图 3-2b)由斯坦福大学的 Koza 教授于 20 世纪 90 年代初提出。通过生物进化遗传算子实现群体的自动进化，如模态种群的复制、交叉和变异等遗传算子操作。遗传规划中的模态个体由分层树形状(图 3-2c)表示，每个树形状代表问题的可能解决方案，树的节点由端点和功能节点组成。符号回归的遗传规划可以很好地应用于结构搜索和参数识别，因为它具有高精度和相对简单的操作。为了提取每个线性正常模式的函数表达式，根据公式(3-1)，使用"+"，"−"，"∗"，"/"，"sin"，"cos"，"exp( )"，终点集"t"，"const"的集合数。采用符号回归方法正确提取模态参数，搜索线性正常模式下自由响应函数的表达式，最终得到正确，精确的模态参数。

根据响应和外部激励之间的方程结构，函数集选择：

$$F = \{+, -, *, /\} \tag{3-2}$$

通过模态交叉，变异和复制的三个遗传算子，初始阶段产生的模态种群逐渐得到改善。模态复制通过复制当前生成的模态父项的一小部分来为下一代生成模态子项。选择具有最高适应度的模态个体作为模态父母并复制到下一代。在模态交叉中，父母交换树的一部分，在切割和嫁接后产生两个后代。每个父节点处的交集可以是不同的。位于"下方"的元素集合是从每个父运算符和运算符本身获取的，并且可以通过将这些元素在适当的位置移植到另一个父运算符中来交叉。模态变异应用于节点，通过从同一组(终端或函数)替换随机选择的节点(除了它自身)来生成子节点。

遗传规划算法中常用的函数集包括：算数运算符号："+""−""＊""/"；常用函数运算符号："sin""cos""exp"等；条件表达式符号：if-then-else、switch-case 等；布尔运算符号：and、or、not 等；循环表达式符号：do-until、while-do 等。函数符号的选择是很重要的，终止符集 $t = \{x_1,$ $x_2, \cdots, x_n\}$ 中，$x_i (i=1, 2, \cdots, n)$ 可以是变量，也可以是常数，具体得看数据和最后的模型。

3.1.3　时域响应中固有模态选择罚函数

从响应时域实验数据中得到的固有模态和系统振动的相关关系。将时域实验数据简化为相关性问题在于，形式的选择决定了回归过程中可以获得的最小误差。如果相关性的形式不复杂到不合理的程度，那么采用一种更简单的形式似乎并不有利。符号回归是一种寻找最佳相关的形式及其常数的过程，遗传规划提供了一种实现方法。在运行过程中可能会产生非常大的相关性，通常添加一个罚函数来防止这种情况发生。罚函数因此而来，在该过程中，评估性能标准以测量观察值与使用 GP 算法产生的值的接近程度。由于目标是最小化预测与观测数据之间误差的方差，因此将适应度定义为方差的倒数是很自然的，如下：

$$F_f = \frac{1}{N-1} \sum_{i=1}^{N} [f^t(x_j)_i - \mu^t] \cdot [f^p(x_j)_i - \mu^p] \tag{3-3}$$

其中，$f^t(x_j)_i (i = 1, 2, \cdots, N)$ 是实验响应数据；$f^p(x_j)_i (i = 1, 2, \cdots, N)$ 是来自候选模态相关性的预测值。

适应度函数，也叫罚函数。它直接影响到算法的收敛速度以及能否找到最优解，以适应度函数为依据，利用模态种群每个个体的适应度来进行搜索。另外，适应度函数的设计应尽可能简单，使计算的时间复杂度最小，减少时间消耗。

优化问题得到的目标函数的解是由模态个体决定的,但最优的模态个体需要依靠适应度函数进行筛选。但是也存在一些问题。比如:伪模态个体的存在,它们突出的竞争能力会影响算法全局优化等。为了防止大的相关函数并且支持更紧凑的相关函数,可以根据每个相关的大小来惩罚适应度函数。计算如下:

$$Q_f = \frac{1}{1+e^{a_1 \cdot (L-a_2)}} \cdot \frac{\left(\frac{1}{N-1} \sum_{i=1}^{N} [f^t(x_j)_i - \mu^t] \cdot [f^p(x_j)_i - \mu^p] \right)}{\sigma^t \cdot \sigma^p} \quad (3\text{-}4)$$

其中,$f^t(x_j)_i$ 和 $f^p(x_j)_i (i=1,2,\cdots,N)$ 分别是实验数据和系统固有模态预测值;σ^t,σ^p 分别是实验数据和预测模态模型数据的标准差异;a_1 和 a_2 是惩罚函数的参数,L 是树的大小。

3.2 基于遗传规划的周期冲击激励实验模态分析方法

3.2.1 周期冲击激励下的应变模态分析

本章研究的悬臂机构运行条件下的周期高频急停换向激励和静态条件下的敲击激励类似,同时动态下的结构形态和静态下不同,因而本章采用一种新的实验模态分析手段用于高频下模态参数识别,认为周期高频急停换向激励满足脉冲激励假设,响应是足够次数等间歇的单次脉冲激励响应的叠加,在不测量激励力的情况下,基于应变响应信号进行模态参数识别。

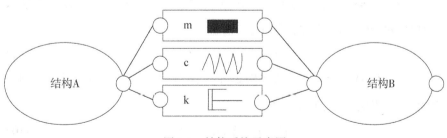

图 3-3 结构系统示意图

65

　　由于动态下的结构形态和静态下不同，在不同的转频下的悬臂结构的形状会发生改变，但是可以把动态结构形状定义成静态形状，只不过与静态不工作条件下形状发生了改变而已，最终理解成动态响应下利用静态分析方法分析。因而，我们只需要得脉冲激励下的应变时域响应的模态参数，即可进行足够次数等间歇的单次脉冲激励响应的叠加，最终得到周期高频急停换向激励下的时域应变模态参数。一般而言，图 3-3 所示的结构体系由各部分组成，每个部分通过质量 m，阻尼 c 和刚度 k 进行相关性。它从 N-DOF 振动系统的微分方程出发：

$$M\ddot{x}+C\dot{x}+Kx=f(t) \tag{3-5}$$

　　其中：$f(t)$ 为 N 维激振力向量，$\ddot{x}$，$\dot{x}$，x 是 N 维加速度、速度和位移向量，M 是机械机构的质量矩阵，C 是机械机构的阻尼矩阵，K 是机械机构的刚度矩阵。

　　根据工程应用一般情况可知，系统的初始状态为 0，同时对公式（3-5）进行拉普拉斯变换，得到如下变量复数 s 的矩阵运算方程：

$$[Ms^2+Cs+K]X(s)=Z(s)X(s)=F(s) \tag{3-6}$$

　　式中 $Z(x)=[Ms^2+Cs+K]$，$Z(x)=[Ms^2+Cs+K]$ 中的 M、C、K 三个参数反映了系统的动态特性，三者合称为系统动态矩阵或广义阻抗矩阵。其逆阵：

$$H(s)=[Ms^2+Cs+K]^{-1} \tag{3-7}$$

　　称为广义导纳矩阵，或者称为我们通常所说的传递函数矩阵。由公式（3-6）可知：

$$X(s)=H(s)F(s) \tag{3-8}$$

　　接着令 $s=j\omega$，即可得到系统在频域中输出（响应向量 $X(\omega)$）和输入（激振向量 $P(\omega)$）的关系式如下：

$$X(\omega)=H(\omega)F(\omega) \tag{3-9}$$

　　式中 $H(\omega)$ 称为频率响应函数矩阵。对于 $H(\omega)$ 矩阵中第 i 行第 j 列（j 点激励，i 点响应）的元素如下：

$$H_{ij}(\omega)=X_i(\omega)/F_j(\omega) \tag{3-10}$$

　　其余坐标激振力为零时，等于仅在 j 坐标激振下，i 坐标响应和激振力之比。在公式 (3-7) 中令 $s=j\omega$，可得传递函数矩阵如下：

$$H(\omega) = [(K-\omega^2 M)+j\omega C]^{-1} \tag{3-11}$$

同时利用实对称矩阵的加权正交性，进行一系列公式的推导，得到如下：

$$H_{ij}(\omega) = \sum_{r=1}^{N} \left(\frac{\dfrac{\upsilon_{ri}\upsilon_{tf}}{m_r\upsilon_r}}{2j[\sigma_r+j(\omega-\upsilon_r)]} - \frac{\dfrac{\upsilon_{ri}\upsilon_{tf}}{m_r\upsilon_r}}{2j[\sigma_r+j(\omega+\upsilon_r)]} \right)$$

$$= \sum_{r=1}^{N} \left(\frac{R_{ijr}}{2j(j\omega-s_r)} - \frac{R_{ijr}}{2j(j\omega-s_r^*)} \right) \tag{3-12}$$

式中：$R_{ijr}=\dfrac{\varphi_{ri}\varphi_{ti}}{m_r\upsilon_r}$ 是第 r 阶留数，$s_r=-\sigma_r+j\upsilon_r$ 是第 r 阶极点，上标星号表示复共轭。s_r 与 ω_r、ζ_r 的关系为：$s_r=-\sigma_r+j\upsilon_r=-\zeta_r\omega_r+j\omega_r\sqrt{1-\zeta_r^2}$，$\omega_r=\sqrt{\dfrac{k_r}{m_r}}$，$\zeta_r=\sqrt{\dfrac{c_r}{2m_r\omega_r}}$ 分别为第 r 阶固有频率和第 r 阶模态阻尼比，m_r、k_r、c_r 为第 r 阶模态质量、模态刚度和模态阻尼。ω_{ri} 是第 r 阶模态振型。相应地，将上式的频响函数做傅立叶反变换可得到时域的脉冲响应函数表达式：

$$h_{ij}(t) = \sum_{r=1}^{N} h_{ijr}(t) = \sum_{r=1}^{N} a_r e^{-\sigma_r t}\cos(\upsilon_r t+\varphi_{ijr}) \tag{3-13}$$

对于响应是应变数据的情况下，j 点激励，i 点响应的应变频响函数为：

$$H_{ij}^{\varepsilon}(\omega) = \frac{\varepsilon_i(\omega)}{f_i(\omega)} = \sum_{r=1}^{n} \frac{\{\psi_{ir}^{\varepsilon}\}\{\varphi_{jr}\}^T}{-\omega^2 m_r+j\omega c_r+k_r} \tag{3-14}$$

式中 $\{\psi_{ir}^{\varepsilon}\}$ 和 $\{\varphi_{jr}\}$ 为第 r 阶应变模态振型和相应的位移模态振型。傅立叶逆变换得到时域脉冲激励应变响应表达式为：

$$\varepsilon_{ij}^{k}(t) = \sum_{r=1}^{N} \varepsilon_{ijr}^{k}(t) = \sum_{r=1}^{N} b_r e^{-\sigma_r t}\cos(\upsilon_r t+\varphi_{ijr}) \tag{3-15}$$

进行足够次数等间歇的单次脉冲激励响应的叠加，最终得到周期高频急停换向激励下的时域应变模态参数。

$$\varepsilon_{ij}(t) = \sum_{m=0}^{\infty} \sum_{r=1}^{N_m} \varepsilon_{ijr}^{k}(t+T*m)$$

$$= \sum_{m=0}^{\infty} \sum_{r=1}^{N_m} b_r e^{-\sigma_r(t+T*m)} \cos(\upsilon_r(t+T*m)+\varphi_{ijr}) \tag{3-16}$$

其中，T 为芯片分选机悬臂结构运行周期，m 为足够次单位脉冲激励的次数。

容易知道，m 以及 r 的确定是理论上的难点，因为动态条件下转频会发生变化，因而对于芯片分选机悬臂结构振动来说这是一个动态自适应的问题，接下来将介绍遗传规划很好地解决了动态自适应问题。

3.2.2　基于应变响应的动态自适应模态参数辨识

为解决上述动态自适应获取 m 和 r 值，引入了符号回归方法。本章研究的悬臂机构运行条件下的周期高频急停换向激励效果与静态条件下的敲击激励效果类似，同时动态下的结构形态和静态下不同，因而本章采用一种新的实验模态分析手段用于动态高频下模态参数识别，认为周期高频急停换向激励就是脉冲激励的假设，响应是足够次数等间歇的单次脉冲激励响应的叠加。但问题在于足够次单次脉冲激励的次数难以确定，为了解决动态自适应获取模态参数的问题，提出了一种使用符号回归的方法。GP 算法(如图 3-4 所示)由斯坦福大学的 Koza 教授在 20 世纪 90 年代初提出。在生物进化思想的帮助下，是一个实现种群自动演化的功能搜索过程。遗传算法(GA)是基于随机进化原理的优化技术，用于寻找给定函数的全局极值，但遗传算法的结果将受到搜索区域的巨大影响。遗传程序设计(GP)是一种符号回归方法，它与一组可能的函数一起工作，以找到给定数据集的最佳方法。GP 已成功地应用于自动编程、机器学习等领域。GP 在不预先知道解的精确形式或可以接受近似解的领域中特别有用。GP 的应用涵盖了数据建模、特征选择、分类等问题。遗传编程(GP)是一种技术，将计算机程序编码为一组基因，然后修改，结果是计算机程序能够很好地执行预定义的任务。上一节介绍了在不测量激励力的情况下，基于应变响应信号进行模态参数识别。已经从理论上说明了符号回归方法的正确性。另外传统实验模态分析理论响应表达式结构组成模式固定，这与符号回归-遗传规划算法的仅运用简单的加减乘除数学符号函数集和相应的自变量终点集来实现模型挖掘的目的是不谋而合的。符号回归-遗传规划算法可以从应变响应数据里面自适应的挖掘出模式数量未知的多阶模态(基于适应度函数驱动)。另外,遗传规划算法显式地表现出来信号中的零漂、趋势项、高频周期成分等干扰,有利于有用信号的准确提取,对于消除伪模态也是一个很好的技术手段。

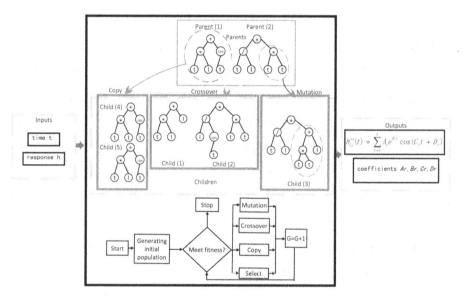

图 3-4　GP 的自动演化示意图

具体过程如下:

遗传规划中的模态个体使用分层树形,如图 3-4 所示。遗传算子包括随机产生的模态群体的复制,交叉和变异。

模态复制进化算子:复制模态个体来增加模态个体的数量,以及提高最优模态个体被选中的机会,增加算法收敛的速度。一个模态个体,最终变成了两个同样的模态个体。比如种群中有"$t * I + \cos(t)$"模态个体,那么复制之后出现两个"$t * I + \cos(t)$"模态个体。

　　模态交叉进化算子：两个模态个体树，随机地选着各自的节点，进行树枝的互换。然后，生成了两个新的模态个体。模态变异操作不单单能改变模态个体树的局部构造。替代选择变异部分，并且改变该节点所在的枝的其他部分。比如模态种群中存在两个模态个体结构"$t*I+\cos(t)$"和"$t*t*t/I$"，那么交叉后的结果是，模态个体数量没变，但是模态个体"$t*I+\cos(t)$"和模态个体"$t*t*t/I$"不在种群中，而模态个体"$t*I+I$"和"$I/\cos t*t*t$"在种群中生成。这就是模态个体交叉进化的结果。

　　模态变异进化算子：模态变异概念和生物里面中的基因变异是一个很类似的概念，随机选择模态个体中树中某个节点，然后随机生成一个树枝或者叶子，将该变异部分替代原来的模态个体需要变异部分，最后生成新的模态个体。变异操作只能改变模态个体树的局部构造。替代选择变异部分，而不改变其他部分。比如种群中存在模态个体"$t*t*t/I$"，如果变异部分为"$t*t$"，"$t*t$"变成了"$t*t+I$"，那么本次变异的结果是出现了新模态个体"$t/I*(t*t+I)$"。这就是一次模态变异操作的结果，模态个体数量前后没有发生变化。树的节点由端点和功能节点组成，每个节点代表问题的可能解决方案。

　　从公式(3-13)和公式(3-16)我们可以看到，使用符号回归进行结构和功能系数挖掘比传统的回归分析具有更大的优势，因为可以同时搜索其他隐藏函数结构。选用均方误差作为模型合适性评价：

$$\text{MSE} = \frac{1}{N} \sum_{i=1}^{N} (y - f(x))^2 \tag{3-17}$$

　　最小化平方残差的平均值，假设噪声遵循正态分布。根据响应信号功能结构的特点，功能集选择：

$$F = \{+, \ -*, \ /, \ \sin, \ \cos, \ \exp\} \tag{3-18}$$

终点是时间变量"t"和常数"I"。

$$T_e = \{t, \ I\} \tag{3-19}$$

　　在模型中，输入是时间变量"t"，响应"h"和常数"t"，输出是与模态频率、阻尼比有关的系数，通过符号回归过程我们可以通过搜索表达式结构来挖掘这些参数。一般而言，在不提前知道线性模态理论的情况下，只是在挖掘之前使用数学符号，直接使用包括"＋"，"－"，"＊"，"/"，"sin"，"cos"，"exp"和函数符号终点时间变量"t"和常数"I"来直接获取模态参数。最后，我们得到下面的表达式。

$$h_{ij}^{sr}(t)=\sum_{m=0}^{M}\sum_{r=1}^{N_m}A_r\mathrm{e}^{B_r(t+T\cdot m)}\cos(C_r(t+T\cdot m)+D_r) \tag{3-20}$$

其中 N_m 是模态的阶数；M 是足够次有效单位脉冲激励的次数；A_r、B_r、C_r、D_r 为规律模型挖掘系数。最重要的是，相应系数方程（3-21）为挖掘出的每阶模态的模态参数。通过相应的系数转换，即可从时域响应信号中挖掘出模态参数。最后符号回归方法和传统的实验模态分析方法得到了完美的结合。传统实验模态分析理论响应表达式结构组成模式固定，这与遗传规划算法的仅利用几个数学符号以及自变量达到模型挖掘的是吻合的。遗传规划算法可以从应变响应数据里面挖掘出固定模式的但模式数量不知的多阶模态，很好地解决了动态自适应问题。

$$\begin{cases} a_r=A_r \\ -\sigma_r=-B_r \\ \upsilon_r=C_r \\ \varphi_{ijr}=D_r \end{cases} \tag{3-21}$$

3.3　本章小结

本章介绍如何将传统的模态参数识别方法和大数据算法符号回归方法结合起来，得到能够应用于芯片分选机悬臂结构振动模态分析的方法理论；进行了理论推导和算法的详细说明，介绍本章所提到的一种新的实验模态分析方法的理论推导。在周期高频急停换向激励被认为是静态条件下的敲击激励的假设成立的条件下，响应是足够次数等间歇的单次脉冲激励响应的叠加，传统的模态参数识别方法和大数据算法符号回归方法结合了起来，得到能够应用于悬臂机构运行条件下的高频下动态自适应模态参数识别的一种新的实验模态分析方法。在不测量激励力的情况下,基于应变响应信号进行模态参数识别。从理论上说明了符号回归方法的正确性。传统实验模态分析理论响应表达式结构组成模式固定,这与遗传规划算法的仅利用几个数学符号以及自变量达到模型挖掘的是一致的。遗传规划算法可以从应变响应数据里面挖掘出固定模式的但模式数量不知的多阶模态。同时,遗传规划算法对于信号中的零漂、趋势项、高频周期成分等显式地表现出来,很好地说明模态成分的正确性,也是避免出现伪模态的一种好的方法。

第 4 章
基于符号回归的模态参数辨识技术的
仿真和实验验证

第三章介绍了一种新的实验模态分析方法的理论推导，在周期高频急停换向激励认为是静态条件下的敲击激励的假设成立的条件下，响应是足够次数等间歇的单次脉冲激励响应的叠加，传统的模态参数识别方法和大数据算法符号回归方法结合起来，得到能够应用于悬臂机构运行条件下的高频下模态参数识别的一种新的实验模态分析方法。在不测量激励力的情况下，基于应变响应信号进行模态参数识别。从理论上说明了符号回归方法的正确性。

本章主要是对前面提到的新的实验模态分析方法进行验证。对符号回归方法识别悬臂结构模态参数进行了三自由度弹簧-阻尼系统仿真和阶梯圆棒敲击实验验证。在仿真实验中，我们引用了一个三自由度的线性系统模型，应用符号回归方法进行模态参数提取，同时状态空间法提取的结果作为参考，介绍了符号回归方法识别模态参数的过程，同时加入了噪声，对方法进行了鲁棒性分析。接着基于 LMS 分析平台的模态参数辨识的实验验证，对阶梯形圆棒敲击数据进行处理，提取其中的模态参数，LMS 分析结果作为参考。本章是在静态条件下进行的实验，传统的实验模态分析方法是要测量脉冲激励的，考虑到本章所提的新的实验模态分析方法是在不测激励的条件下进行的。仅基于时域响应信号来利用符号回归提取模态参数，从系统仿真和激励实验验证了本章所提的新的实验模态分析方法的正确性。

4.1　基于符号回归的模态参数辨识技术的仿真验证

4.1.1　三自由度弹簧阻尼系统

本章主要是对前面提到的新的实验模态分析方法进行验证。对符号回归方法识别悬臂结构模态参数进行了三自由度弹簧-阻尼系统仿真和阶梯圆棒敲击实验验证。在仿真实验中，我们引用了一个三自由度的线性系统模型，应用符号回归方法进行模态参数提取，同时状态空间法提取的结果作为参考，介绍了符号回归方法识别模态参数的过程，同时加入了噪声，对方法进行了鲁棒性分析。

在仿真实验中，我们引用了一个三自由度的线性系统模型，应用符号回归方法基于时域响应信号进行实验模态分析和模态参数提取，同时状态空间法提取的结果作为参考，介绍了符号回归方法基于时域响应信号识别模态参数的过程。举一个三自由度线性系统模型，图 4-1 示出了三自由度质量弹簧阻尼器系统，并且将 m_1 至 m_3 称为组件 1 至组件 3。如图 4-1 和公式(4-1) 所示。并且提出系统模型的方程如下：

$$\begin{bmatrix} m_1 & 0 & 0 \\ 0 & m_2 & 0 \\ 0 & 0 & m_3 \end{bmatrix}\begin{pmatrix} \ddot{x}_1 \\ \ddot{x}_2 \\ \ddot{x}_3 \end{pmatrix} + \begin{bmatrix} c_1+c_2 & -c_2 & 0 \\ -c_2 & c_2+c_3 & -c_3 \\ 0 & -c_3 & c_3+c_4 \end{bmatrix}\begin{pmatrix} \dot{x}_1 \\ \dot{x}_2 \\ \dot{x}_3 \end{pmatrix}$$

$$+ \begin{bmatrix} k_1 & 0 & 0 \\ 0 & k_2 & 0 \\ 0 & 0 & k_3 \end{bmatrix}\begin{pmatrix} x_1 \\ x_2 \\ x_3 \end{pmatrix} = \begin{pmatrix} F_1 \\ F_2 \\ F_3 \end{pmatrix} \tag{4-1}$$

$\{m_{1,2,3}\}$ 是质量；$\{k_{1,2,3}\}$ 是刚度；$\{c_{1,2,3}\}$ 是阻尼系数；$\{x_{1,2,3}\}$ 是输出响应；和 $\{F_{1,2,3}\}$ 是外部激励力。并且所有系统参数的选定值如表 4-1 所示，阻尼矩阵选用比例阻尼矩阵。此外，激励采用脉冲激励，为方面解方程的需要，等效于在质量 m_1 上添加一初速度 $v_1 = 1.5\text{mm/s}$。系统三阶有阻尼固有频率为：$f_1 = 4.1\text{Hz}$，$f_2 = 8.7\text{Hz}$，$f_3 = 11.0\text{Hz}$，以及阻尼比：$\xi_1 = 0.08$，$\xi_2 = 0.15$，$\xi_3 = 0.18$。

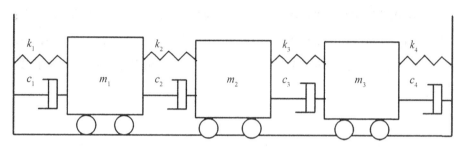

图 4-1　三自由度质量弹簧阻尼系统

表 4-1　系统模型参数值

m_1	m_2	m_3	k_1	k_2	k_3	k_4	β	C
kg	kg	kg	10^3N/m	10^3N/m	10^3N/m	10^3N/m		N/(m/s)
1	2	2	1	2	3	3	0.005	$A*M+\beta*K$

4.1.2　基于系统响应的模态参数辨识

考虑到本章所提的新的实验模态分析方法是在不测激励的条件下进行的。仅基于时域响应信号来利用符号回归提取模态参数。在系统响应已求取的情况下，再来利用符号回归算法分析响应信号，辨识系统模态参数，验证算法的可行性。本节把 MATLAB 求解的时域解作为参考时域信号，导入到符号回归软件 Eureqa，进行模态参数的挖掘。

图 4-2 显示了三自由度质量弹簧阻尼系统响应时域表达式和频谱分布，在响应 x_1 和 x_3 中前两阶模态明显，在响应 x_2 中第一阶和第三阶模态明显。图 4-3 显示了位移数据分别导入 Eureqa 平台运行后挖掘结

果，模型表达式"$0.01\sin(25.8x)\mathrm{e}^{-2.1x}$"是第一个质量块的响应的模型搜索结果，"0.01"是幅值，"$\sin(25.8x)$"是周期板块，"$\mathrm{e}^{-2.1x}$"是指数模块；"$0.01\sin(25.8x)\mathrm{e}^{-2.1x}$"是第二个质量块的响应的模型搜索结果，"0.01"是幅值，"$\sin(25.8x)$"是周期板块，"$\mathrm{e}^{-2.1x}$"是指数模块；"$0.008\mathrm{e}^{-2.1x}\cos(1.6-25.9x)$"是第三个质量块的响应的模型搜索结果，"0.008"是幅值，"$\cos(1.6-25.9x)$"是周期板块，"$\mathrm{e}^{-2.1x}$"是指数模块。

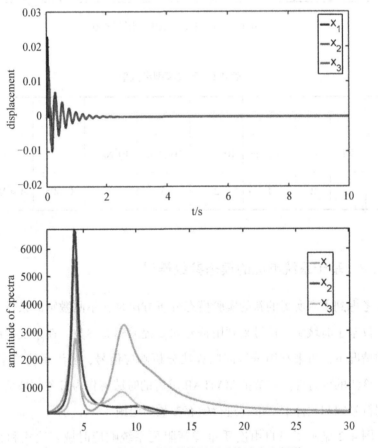

图 4-2　三自由度质量弹簧阻尼系统响应和频谱

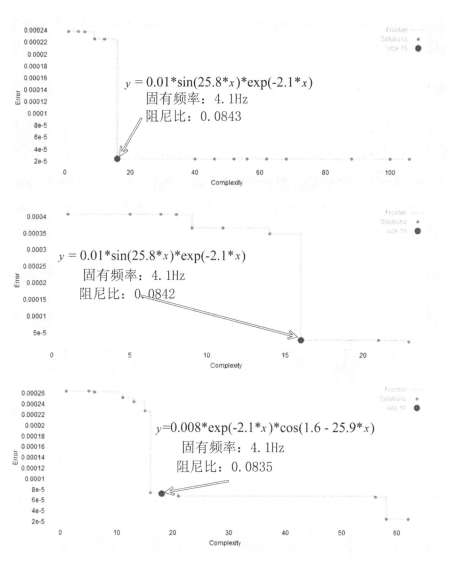

图4-3 位移响应数据分别导入 Eureqa 平台运行结果

对照公式(3-13)、公式(3-17)、公式(3-18)可以得到模态参数的数值，由结果可知，只挖掘出了第一阶模态。从各响应信号中分别挖掘的结果是：频率 $f_{1,x_1} = 4.1\text{Hz}$，频率 $f_{1,x_2} = 4.1\text{Hz}$，频率 $f_{1,x_3} = 4.1\text{Hz}$；阻尼比 $\xi_{1,x_1} = 0.08$，阻尼比 $\xi_{1,x_2} = 0.08$，阻尼比 $\xi_{1,x_3} = 0.08$。结论是，只挖掘出了

第一阶模态，模态参数包括固有频率和阻尼比，数值精度很高，得到符号回归算法挖掘模态参数是可行的。

4.1.3　识别技术鲁棒性分析和可行性检验

在有随机信号干扰的情况下，对符号回归算法基于时域响应信号识别模态参数进行鲁棒性分析和可行性检验。对4.1.1节中的三自由度系统的响应信号加入比率0.0005的加性噪声干扰，即 $\bar{x}_{1,2,3} = x_{1,2,3} + 0.0005 \cdot \mathrm{rand}(n,1)$，图4-4是加性噪声位移响应和频谱（噪声比率：0.0005）。图4-5

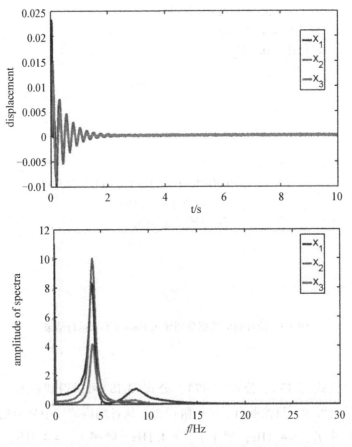

图 4-4　加性噪声位移响应和频谱（噪声比率：0.0005）

是加性噪声位移响应数据分别导入 Eureqa 平台运行后的模态参数挖掘结果。三个响应信号都挖掘出了一阶模态频率和阻尼比。从各响应信号中分别挖掘的结果是：频率 $\bar{f}_{1,x_1}=4.1\text{Hz}$，频率 $\bar{f}_{1,x_2}=4.1\text{Hz}$，频率 $\bar{f}_{1,x3}=4.1\text{Hz}$；阻尼比 $\bar{\xi}_{1,x_1}=0.08$，阻尼比 $\bar{\xi}_{1,x_2}=0.08$，阻尼比 $\bar{\xi}_{1,x_3}=0.08$。表 4-2 是有无加性噪声条件下模态参数挖掘结果，对于频率的挖掘值误差都在 0.1% 以内，

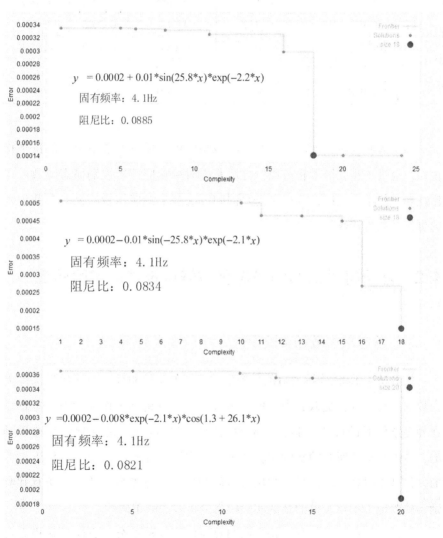

图 4-5　加性噪声位移响应数据分别导入 Eureqa 平台运行结果

阻尼比的挖掘值 5% 以内。

表 4-2　加性噪声条件下模态参数挖掘结果

模态参数	无噪声参考值	有噪声挖掘值	绝对误差	相对误差
一阶固有频率 $f_{1,x1}$/Hz	4.1152	4.1169	0.0017	0.0413%
一阶阻尼比 $\zeta_{1,x1}$	0.0843	0.0885	0.0042	4.98%
一阶固有频率 $f_{1,x2}$/Hz	4.1152	4.1129	0.0023	0.06%
一阶阻尼比 $\zeta_{1,x2}$	0.0842	0.0834	0.0008	0.95%
一阶固有频率 $f_{1,x3}$/Hz	4.1236	4.1554	0.0318	0.77%
一阶阻尼比 $\zeta_{1,x3}$	0.0835	0.0821	0.0014	1.68%

　　结果表明，符号回归方法基于时域响应识别模态参数情况下的抗干扰很强，也进一步验证了符号回归方法基于时域响应信号识别模态参数的鲁棒性和可行性。最终，验证了符号回归方法基于响应信号的模态参数识别的可行性和鲁棒性。

4.2　基于符号回归的模态参数辨识技术的实验验证

4.2.1　静态敲击激励实验设计

　　接着基于 LMS 分析平台的模态参数辨识的实验验证，对阶梯形圆棒敲击数据进行处理，提取其中的模态参数，LMS 分析结果作为参考。本章是在静态条件下进行的实验，传统的实验模态分析方法是要测量脉冲激励的，考虑到本章所提的新的实验模态分析方法是在不测激励的条件下进行的。仅基于时域响应信号来利用符号回归提取模态参数，从系统仿真和激励实验验证了本章所提的新的实验模态分析方法的正确性。

　　本次实验用于验证基于符号回归算法的实验模态分析方法挖掘模态参数的正确性。基于 LMS 分析平台的模态参数辨识的实验验证，对阶梯形圆棒敲击数据进行处理，提取其中的模态参数，LMS 分析结果作为参考。在静态条件下进行的实验，传统的实验模态分析方法是要测量脉冲激励的，考虑到本章所提的新的实验模态分析方法是在不测激励的条件下进行的。仅基于时域响应信号来利用符号回归提取模态参数。

实验设置如图 4-6 所示，显示了变直径工件敲击实验布置，圆棒分成三段，两个阶梯，三段直径由大到小，圆棒放置在车床的三抓卡盘上固定。采用 LMS 软件中的谱分析模块，采集敲击激励与振动响应的原始时域信号，从而获得脉冲激励响应。在悬臂梁圆柱工件上布置 3 个传感器，在垂直方向分别敲击工件端部和中部。

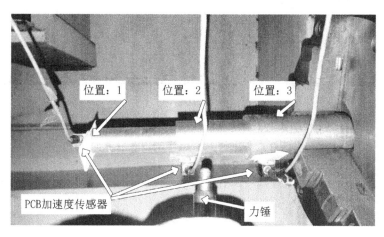

图 4-6　变直径工件敲击实验布置

4.2.2　悬臂机构主振频率特征分析

本次实验处理敲击激励下的振动响应，提取模态参数，同时和 LMS 平台的模态参数识别结果进行了对比。先将数据导入到 LMS 分析软件进行模态分析，提取相应的模态参数(固有频率和阻尼比)。

图 4-7 是敲击实验中各位置点位移响应稳态图(位置 1 x，y，z 三向；位置 2 x，y，z 三向；位置 3 x，y，z 三向)。图 4-8 是工件位置点 2-y 向位

移响应稳态图，通过 MAC 值去除伪模态，得到了三阶固有频率（竖线位置），其中三阶模态频率分别为 353.1Hz，446.0Hz，898.1Hz；对应的阻尼比分别为 0.023，0.028，0.022。

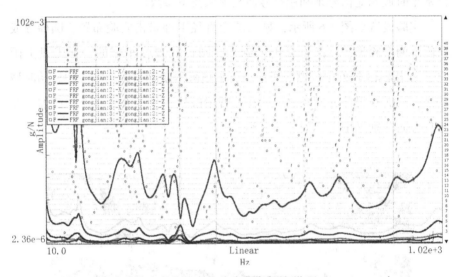

图 4-7　敲击实验中各位置点位移响应稳态图（位置 1 x, y, z 三向；位置 2 x, y, z 三向；位置 3 x, y, z 三向）

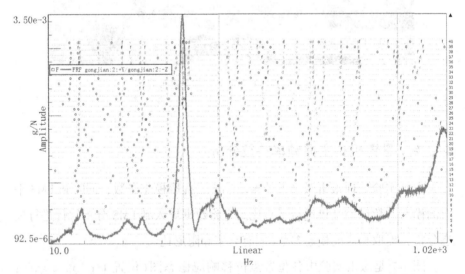

图 4-8　工件位置点 2-y 向位移响应稳态图（出现了三阶固有频率：直线位置）

　　图 4-9 显示了敲击实验位置点 2-y 向位移响应导入 Eureqa 平台运行后的结果，只挖掘出第一阶模态（主振模态）；图 4-9a 是 Eureqa 软件搜索结果；图 4-9b 是实验值和模型拟合值的时域和频域分析。图 4-10 是敲击实验中各位置点位移响应导入 Eureqa 平台运行结果（图 a~c：位置 1 z，x，y

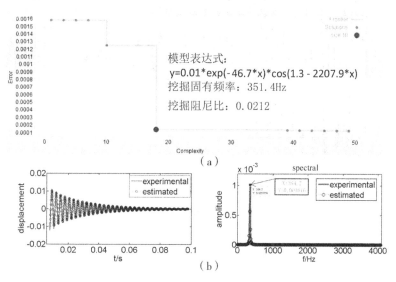

图 4-9　敲击实验位置点 2-y 向位移响应导入 Eureqa 平台运行结果

（图 a：Eureqa 软件搜索结果；图 b：实验值和模型拟合值）

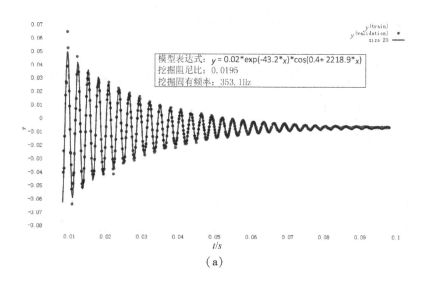

（a）

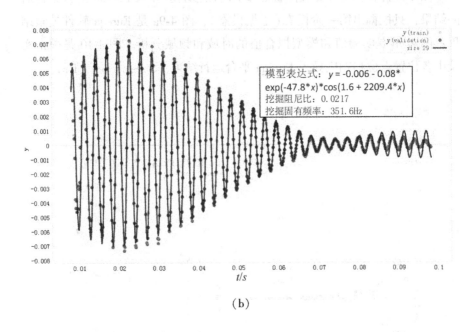

（b）

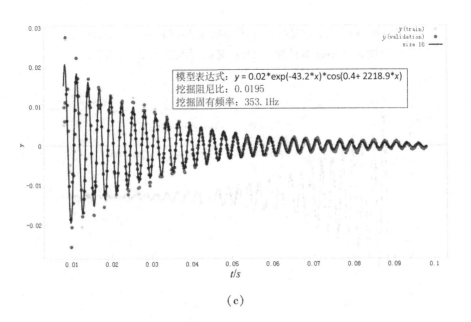

（c）

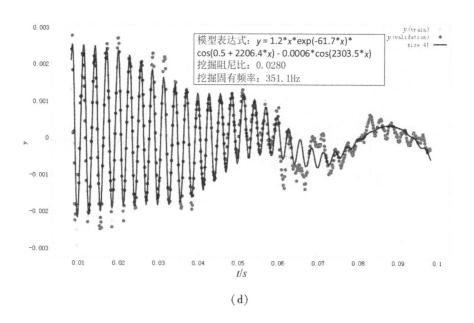

（d）

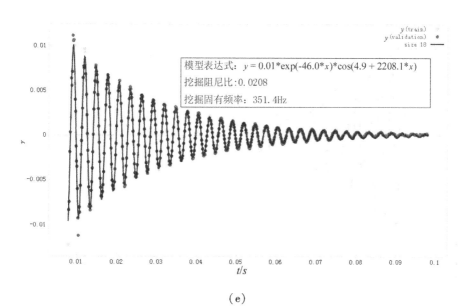

（e）

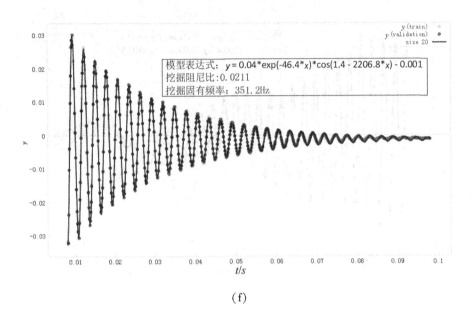

模型表达式：$y = 0.04*\exp(-46.4*x)*\cos(1.4 - 2206.8*x) - 0.001$
挖掘阻尼比：0.0211
挖掘固有频率：351.2Hz

（f）

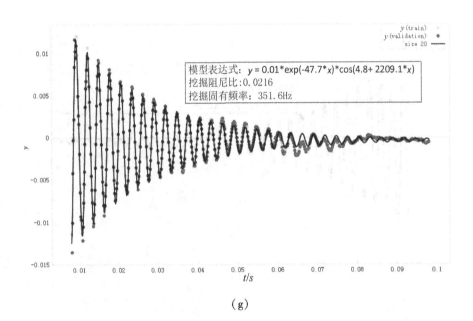

模型表达式：$y = 0.01*\exp(-47.7*x)*\cos(4.8 + 2209.1*x)$
挖掘阻尼比：0.0216
挖掘固有频率：351.6Hz

（g）

86

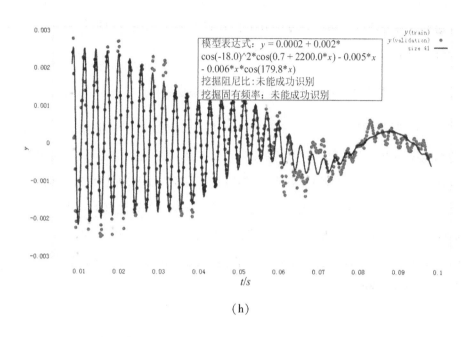

(h)

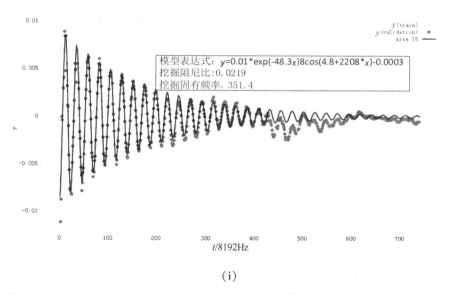

(i)

图 4-10　敲击实验中各位置点位移响应导入 Eureqa 平台运行结果(图 a~c：位置 1 z，

x，y 三向；图 d~f：位置 2 y，z，x 三向；图 g~i：位置 3 y，z，x 三向)

三向；图 d~f：位置 2 y，z，x 三向；图 g~i：位置 3 y，z，x 三向）。最终得到本章所提新的实验模态分析方法和 LMS 平台处理响应数据得到的模态参数识别结果，为后期做结果分析做准备。

4.2.3　参数辨识结果和方法的正确性验证

结果表明，除了位置 4-z 向信号未能挖掘出模态参数，其余 8 个信号源都能挖掘出模态参数，但只挖掘出了第一阶模态(主振动模态)，主要原因在于符号回归软件的编程算法等成熟度还不够，以及硬件环境的加强需要。图 4-11 所示敲击实验中各位置点位移响应模态参数挖掘的结果。由图 4-11 可知，主振频率挖掘值最大误差在点 4 和点 6，相对误差分别是 0.55%和 0.54%；阻尼比挖掘值最大误差在点 2 和点 4，相对误差分别是 18.41%和 17.99%。

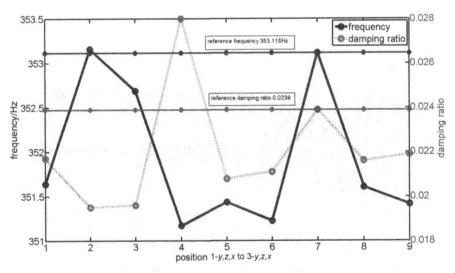

图 4-11　敲击实验中各位置点位移响应模态参数挖掘结果(1~3：位置 1-y，z，x，三向；4~6：位置 2-y，z，x，三向；7~9：位置 3-y，z，x，三向；为绘图方便，7 处的 null 值用参考值代替)

综上所述，基于 LMS 分析平台的模态参数辨识的实验验证，对阶梯形圆棒敲击数据进行处理，提取其中的模态参数，LMS 分析结果作为参考。传统的实验模态分析方法是要测量脉冲激励的，在不测激励的条件下，本章所提的新的基于符号回归的实验模态分析方法仅用于从响应挖掘模态参数是正确的。

4.3 本章小结

本章主要是对第三章提到的新的基于符号回归的实验模态分析方法进行正确性验证，为后期该方法应用于芯片分选机悬臂结构高频运行条件下振动分析做准备。本章前面介绍了符号回归方法识别模态参数的过程，同时加入了噪声，对方法进行了鲁棒性分析和可行性验证。对符号回归方法识别悬臂结构模态参数进行了三自由度弹簧-阻尼系统仿真和阶梯形圆棒敲击实验验证。在仿真实验中，我们引用了一个三自由度的线性系统模型，应用符号回归方法进行模态参数提取，同时状态空间法提取的结果作为参考，介绍了符号回归方法识别模态参数的过程以及进行了鲁棒性分析和可行性检验。接着对阶梯形圆棒敲击数据进行处理模态参数辨识的实验验证。基于 LMS 分析平台的模态参数辨识的实验验证，对阶梯形圆棒敲击数据进行处理，提取其中的模态参数，LMS 分析结果作为参考。传统的实验模态分析方法是要测量脉冲激励的，考虑到本章所提的新的实验模态分析方法是在不测激励的条件下进行的。因而仅基于时域响应信号来利用符号回归提取模态参数，从系统仿真和激励实验验证了本章所提的新的实验模态分析方法的正确性。从响应信号中挖掘出主振频率取得了很好的效果。仿真和圆棒敲击实验结果表明符号回归用于悬臂结构模态参数挖掘是正确的。

第 5 章
基于振动特性的芯片分拣臂位移
响应精度分析

高频往复运行结构的振动特性分析一直是个难题，在芯片分选和封装领域，LED 芯片高速分选机是高频往复运行结构的代表，这类机构通常面临着终端结构的振动造成定位精度不准的现象。分选机的核心部件是实现芯片快速抓取和移送的芯片分拣臂，芯片分拣臂结构在高频运行过程中因惯性冲击会产生运行振动，这类振动直接影响定位精度和效率，是阻碍芯片分选效率提高的主要因素。因此本章对高频运行下芯片分拣臂的振动特性加以研究，为抑制分选机终端的振动，提高芯片拾取精度建立基础。

5.1 高频惯性冲击下的芯片分拣臂位移响应实验分析

5.1.1 芯片高速分选机及分拣臂系统介绍

随着市场的需求和科技的发展，一些高速、高精和高效的智能分选装备陆续进入市场。例如，LED 芯片的应用范围随着电子信息技术的发展逐渐扩大，市场对 LED 芯片的颜色、波长和亮度的精度要求较高，必须对芯片进行分拣①。因此，芯片自动分选设备对生产出来的芯片进行测试并分类是非常有必要的。LED 芯片自动分选机原理是根据探针台测试机获得芯

---

① 黄春霞. 浅谈我国 LED 显示屏发展历程和应用领域[J]. 科技致富向导，2011（26）：145-145.

片的光电参数和表面检测结果，进而对半成品或者未封装的芯片进行分类拣选①。该设备分拣芯片有两个步骤，第一步，接收探针台测试的结果数据并处理，进而分类挑拣芯片；第二步，通过与标准参数进行比较来检查表面缺陷，进而淘汰不合格芯片。

研究对象为型号是 DH-LPS436 的 LED 芯片高速分选机，该设备结构及参数如图 5-1 和表 5-1 所示。

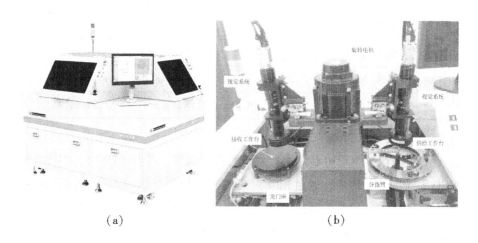

（a）   （b）

图 5-1　（a）LED 芯片高速分选机　（b）芯片分拣臂结构

表 5-1　LED 芯片高速分选机主要参数

主要参数	参 数 值
分选速度	100ms/颗
芯片提放 XY 精度	±1.5mil
$X/Y/Z$ 定位精度	±0.010mm
$X/Y/Z$ 旋转精度	±0.05°
排列芯片面积	最大 80mm×80mm

① 张碧伟. LED 晶粒全自动分拣机的开发研究[D]. 西安工业大学，2011.

主要参数	参 数 值
旋转 θ 角度精度	±3°
通用晶粒尺寸	6×6mil-60×60mil
视觉识别精度	1/16pixel
芯片分拣臂放置压力	5g~200g 可调
芯片分拣臂形式	双臂
消耗功率	2kW
电压/频率	220V，50/60Hz
气压/流量	0.5MPa，45L/min
设备尺寸	1340mm(长)×1170mm(宽)×1950mm(高)

芯片高速分选机由芯片供料台、芯片分拣臂、芯片 BIN 台、图形采集 CCD 系统等部分组成，通过光电测试仪对芯片的波长、强度、色温、亮度等参数进行测试，并将测试结果发送到全自动分选机，同时 CCD 光学系统进行外观检测，根据测试结果将芯片分选为不同等级。最后，利用芯片分拣臂将不同等级的芯片搬运到可在 *XY* 方向移动的芯片 BIN 台收集，实现芯片的拾取放置和移动，这就是分选的整个过程。

在整个分选机结构中芯片分拣臂结构是最为重要的一个核心部件，其主要作用是将芯片从供给区搬运到排列区并分拣芯片。芯片分拣臂结构如图 5-1(b) 所示，通过旋转电机控制，芯片分拣臂结构绕中心轴在水平面内做往复回转运动，同时也会通过凸轮和弹簧结构驱动在竖直平面内沿直线导轨的上下运动(行程 5mm)。考虑到要求分拣速度较快，芯片的尺寸又比较小，芯片分拣臂质量设计的比较轻。因此，在高速运动中，对芯片分拣臂末端的拾取和放置定位精度有比较高的要求。

5.1.2　高频惯性冲击下的芯片分拣臂位移响应仿真分析

芯片分拣臂机构工作过程中，高频往复运行引入的惯性冲击使结构产生复杂的振动响应，直接影响芯片分拣臂末端的位姿，进而降低芯片排列精度。

芯片分拣臂机构如图 5-2 所示，其主运动是芯片分拣臂的 180°往复回转运动，由龙门结构上的旋转控制电机驱动；辅助运动是芯片分拣臂的上下运动，由两个升降电机通过偏心轮、圆弧导轨、弹簧和直线导轨分别驱动两个芯片分拣臂的升降。

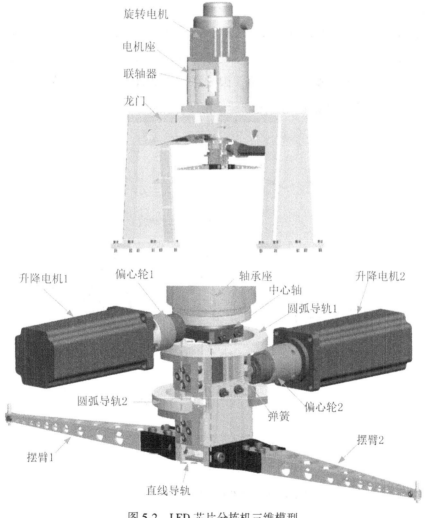

图 5-2　LED 芯片分拣机三维模型

　　芯片分拣臂机构工作过程如图 5-3 所示：在每一个拾取周期内，芯片分拣臂机构将供给区的芯片移送到排列区。为实现该动作，在供给区芯片分拣臂首先在升降电机的驱动下位置降低并靠近芯片，进行芯片的抓取；当完成抓取动作后，芯片分拣臂在升降电机的驱动下位置上升；然后芯片分拣臂机构进一步在旋转控制电机的驱动下作 180°回转，将抓取芯片的芯片分拣臂移动至芯片排列区域，在升降电机的驱动下位置降低并摆放芯片。由于芯片分拣臂机构采用双芯片分拣臂结构，一个回转周期内可以完成两个芯片的排列。LED 芯片分选设备精度要求如表 5-2 所示，对应的芯片分拣臂机构定位精度如表 5-3 所示。芯片分拣臂机构运行过程中，各部件的加减速运动会带来惯性冲击，使芯片分拣臂机构产生振动响应，进而影响芯片分拣臂末端的定位精度。因此芯片分拣臂机构动力学特性直接影响 LED 芯片分选机的运动速度和定位精度指标要求。

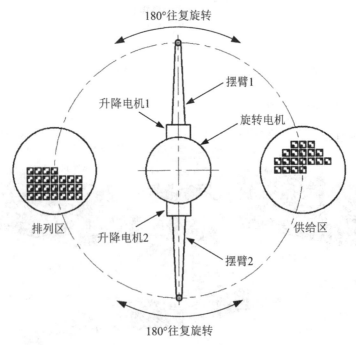

图 5-3　双芯片分拣臂机构工作过程示意

表 5-2　LED 芯片分选设备精度要求

要求项目	精度值	超差率
X 方向	±1mil	0.3%
Y 方向	±1mil	0.3%
θ 方向	±3°	0.3%
丢片率	0.3%	

英制单位 mil，1mil = 25.4μm

表 5-3　双芯片分拣臂系统定位精度要求

要求项目	精度要求
旋转方向定位	±5μm
升降方向定位	±5μm
角度方向定位	±5"

　　为进行高频往复运行状态下芯片分拣臂机构的动力学特性研究，采用多体动力学分析软件 RecurDyn 建立芯片分拣臂机构的多体动力学模型，模型中运动副、约束、驱动的设置和刚体动力学设置相同。模型中，龙门机架部分作刚体进行计算处理，仿真结果包含凸轮、滚珠联轴器、弹簧和导轨等各部件之间的作用过程。

　　与整体机构的静态模态分析方法不同，该模型通过加减速规律设定，仿真实际芯片分拣臂机构的运行特性，在芯片分拣臂机构高频往复运行过程中进行惯性冲击下的结构振动响应分析，图 5-4 为通过 RecurDyn 软件建立的 LED 芯片分拣机多体动力学模型。

图 5-4　芯片分拣臂的多体动力学模型

　　高频往复运行过程中的惯性冲击取决于芯片分拣臂机构的运行参数。芯片分拣臂旋转主运动及上下运动的电机加减速运行特性是影响机构运行冲击作用的主要因素之一。考虑实际电机运动控制方式，模型激励仿真采用匀加速度匀减速运动规律来控制电机。由该函数可得到凸轮上面的滚珠联轴器时间位移曲线，从而进行运行参数对芯片分拣臂机构末端位移的影响分析。

　　芯片分拣臂工作状态的设定参照其工作设计频率进行，仿真计算模型采用 3 种工作频率，分别为：3Hz、6Hz 和 10Hz。由于芯片分拣臂旋转方向的振动直接影响芯片分拣臂末端的芯片放置和拾取精度，因此提取旋转方向上芯片分拣臂末端的时间位移曲线进行分析，结果如图 5-5 所示。由图 5-5 所示的结构末端位移振动时域图可知，芯片分拣臂运行状态引入的激励对芯片分拣臂末端位移有显著作用，也说明了该计算模型可以有效地反映芯片分拣臂结构柔性特征。图示的芯片分拣臂末端最大振动位移在 3

个工作频率上都在 15 微米以上，因此可知运行过程中的芯片分拣臂机构振动将直接决定设备工作精度和工作效率。

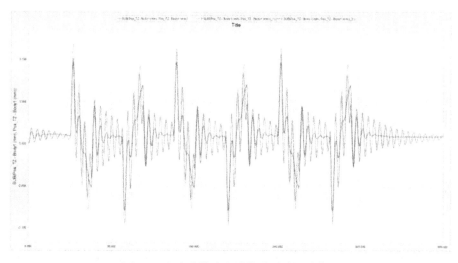

图 5-5　芯片分拣臂末端位移时域振动信号

图 5-6 为对应时域信号的傅立叶变换。因为位移曲线中包括芯片分拣臂结构本身的刚体位移量，故去除该刚体位移量后进行频域分析。图 5-6 所给出的 3 个不同工作频率下末端位移频域特征图中，芯片分拣臂末端位移振动在 80Hz 以内基本不受芯片分拣臂工作频率大小影响，但在 80Hz 以上的频率范围内，振动频谱特征存在一定差异。另一方面，3Hz 工作频率对应的芯片分拣臂振动频谱在低频范围内无明显峰值，但在 6Hz、10Hz 工作频率下低频范围出现多个峰值，且峰值变化与工作频率也不成正比。分析可知，因为仿真过程引入了凸轮、滚珠联轴器、弹簧和导轨等部件间的作用，芯片分拣臂末端位移响应受机构部件运行过程相互作用的影响，末端位移振动谱线并没有随着工作频率增大而随之增大。

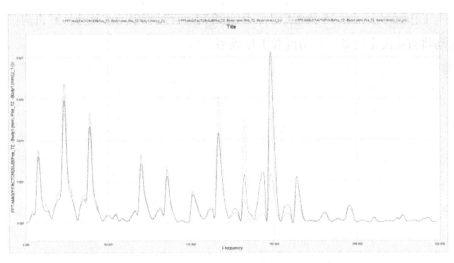

图 5-6　芯片分拣臂末端位移振动曲线傅立叶变换

　　然而，由于实际芯片分拣臂机构各部件之间的结合部特性比较复杂，要建立其精确的数学模型比较困难，模型中各部件之间的边界条件难以精确反映实际运行状态，因此理论计算模型只能给出定性分析结论，无法准确表征实际工作状态下的动力学特性。因此下一小节中将对芯片分拣臂末端位移振动特征进行实验分析。

5.1.3　芯片分拣臂位移响应实验分析系统

　　上一节中，芯片分拣臂机构多柔体模型计算结果指出，高频往复运动带来的惯性冲击使芯片分拣臂机构产生振动，并且芯片分拣臂末端位移振动特征受芯片分拣臂机构工作频率的影响，另外放置结果指出芯片分拣臂机构中部件，如凸轮、滚珠联轴器、弹簧和导轨等，在高频往复运行过程中对芯片分拣臂末端位移振动特征也存在影响。为分析验证模型计算结果，进行高频往复运行下芯片分拣臂末端位移振动实验测量分析，研究机构运行过程中芯片分拣臂末端位移振动特性。

　　高速 LED 芯片分选设备的双芯片分拣臂机械结构如图 5-7 所示，因为芯片分拣臂运行过程中芯片分拣臂处于高频往复运动状态，芯片分拣臂末端振动位移在线测量无法采用接触式策略方法，故采用激光位移传感器进行芯片分拣臂振动位移测量。

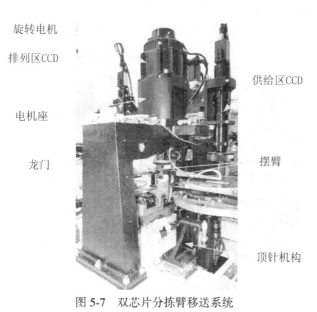

旋转电机

排列区CCD

电机座

龙门

供给区CCD

摆臂

顶针机构

图 5-7　双芯片分拣臂移送系统

由于芯片分拣臂运行过程中的刚体运动以及激光位移传感器非接触测点量程的限制，芯片分拣臂末端位移测量无法在芯片分拣臂旋转整过程中进行。因此，选择芯片分拣臂旋转至芯片上方开始进行芯片拾取和放置时进行局部时段的测量，该测量点位置位于芯片分拣臂旋转运行的象限点，因此可充分拾取芯片分拣臂机构运行冲击下芯片分拣臂末端的振动位移响应。

芯片分拣臂末端位移响应包含 3 部分：

（1）芯片分拣臂本身的控制位移；

（2）芯片分拣臂由于芯片分拣臂连接件、旋转电机轴柔性特征引入的芯片分拣臂本身的刚体振动位移；

（3）芯片分拣臂本身结构振动位移。

芯片分拣臂机构的测试装置如图 5-8 所示，考虑测点可达性要求，采用基恩士（KEYENCE）激光位移传感器在选取芯片分拣臂工作位置点进行两个方向的测量，测量点一个位于芯片分拣臂侧面端部，用于辨识芯片分拣臂旋转方向上的振动特性，另外一个选取在芯片分拣臂端部上表面位置，用于检测芯片分拣臂端部上下方向振动特性。

图 5-8　芯片分拣臂机构振动位移测试实验系统

芯片分拣臂振动测量所采用的基恩士激光位移传感器型号为 LK-G80 型号的位移传感器，其采样频率最大为 50000Hz，定位精度为 0.2μm，考虑高频往复运动过程中象限点位置的芯片分拣臂结构振动位移精确度，试验中激光位移传感器的采样频率设定为 1000Hz，具体实验条件如表 5-4 所示。

表 5-4　芯片分拣臂振动测试实验条件

项　目	规　　格
测量目标	芯片分拣臂结构 3 点
测量项目	旋转方向和升降方向振动
芯片分拣臂运动周期	200ms
传感器型号	KEYENCE LK-G80
采样频率	1000Hz

5.1.4 惯性冲击下的芯片分拣臂位移响应特性分析

高速 LED 芯片分选设备的双芯片分拣臂移送系统运行频率设定为 10Hz。在高频往复运行过程中，旋转方向以及升降方向上的激光位移传感器同时采集芯片分拣臂在拾取芯片时刻的振动数据，振动曲线如图 5-9 所示。该图由 KEYENCE 检测仪器所提供的绘图软件模块绘制得到，图中上部分的曲线为芯片分拣臂末端旋转方向振动曲线，下部分为芯片分拣臂末端升降方向振动曲线；图中横坐标为采样点的序号，对应的采样周期 1ms，横坐标的采样点数可换算成芯片分拣臂振动的时间历程，纵坐标为芯片分拣臂末端的振动位移数据，单位为 mm。

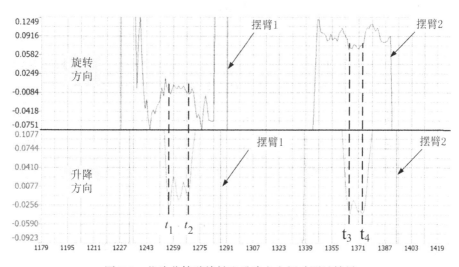

图 5-9 芯片分拣臂旋转和升降方向振动测试结果

因为设定在芯片分拣臂旋转至象限点处进行测量，位移传感器测量该位置芯片分拣臂旋转方向和升降方向的振动位移，图中时刻 t_1 和时刻 t_2 代表双芯片分拣臂中的芯片分拣臂 1 旋转至设定位置点上下运动起止时刻；类似时刻 t_3 和时刻 t_4 代表双芯片分拣臂中的芯片分拣臂 2 旋转至设定位置点上下运动起止时刻。其中 t_1 时刻芯片分拣臂 1 开始下降，t_2 时刻开始上升，t_3 时刻芯片分拣臂 2 开始下降，t_4 时刻开始上升，各个时刻具体数值如表 5-5 所示。

表 5-5　芯片分拣臂取芯片各时刻结果

时刻	t_1	t_2	t_3	t_4
结果	1257	1269	1367	1375

(1) 惯性冲击下芯片分拣臂位移时滞特性

图 5-10 中双芯片分拣臂运动至象限点时刻，在时刻 t_1 至时刻 t_2 之间旋转方向上的位移测量值相对于设定的基准零值存在较大偏差，并且两个芯片分拣臂末端即芯片分拣臂 1 和芯片分拣臂 2 在取芯片时稳定位置不一致，出现机构双芯片分拣臂整体定位偏差，在旋转方向也存在类似的整体定位偏差，该类位置偏差由芯片分拣臂机构部件加工及安装误差引起。双芯片分拣臂结构本身及安装误差使得芯片分拣臂 1 和芯片分拣臂 2 的两测点存在固定偏差位移 ξ，该误差与芯片分拣臂机构运行状态无关。

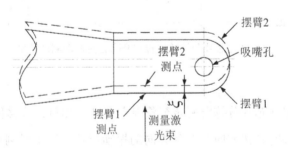

图 5-10　两芯片分拣臂测点示意图

图 5-11 所示为提取的芯片分拣臂升降电机速度曲线，分析发现芯片分拣臂升降电机的指令速度曲线在芯片分拣臂接触芯片时实际停留了 5ms，而控制指令预设定数值为 2ms，因此芯片分拣臂机构运行状态下由于各部件之间的相互作用导致时间滞后 3ms。

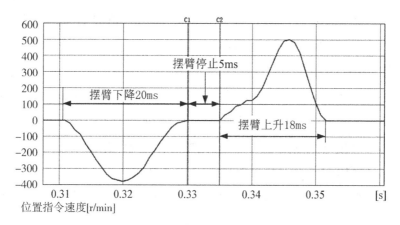

图 5-11　芯片分拣臂升降电机速度曲线

由芯片分拣臂升降电机速度曲线可知，升降电机在启停各时刻速率非常小，运动位移数值也非常小。在激光位移传感器实际测量得到的芯片分拣臂升降曲线中，芯片分拣臂末端与芯片接触段时间比电机给出的停留稳定时间 5ms 要长，并且芯片分拣臂机构升降方向实际测量的芯片分拣臂末端位移振动也存在滞后的稳定时间段，最终芯片分拣臂 1 的实际停留时间达到了 12ms。分析可知芯片分拣臂机构实际运行阶段，在芯片分拣臂的高频运动中，由于高频往复运动中芯片分拣臂机构的传动间隙、惯性延时、弹性形变等，使得芯片分拣臂运行位移存在时滞特性。

(2)惯性冲击下芯片分拣臂位移振动特性

如图 5-12 所示为提取的两芯片分拣臂末端振动位移曲线，由图可知芯片分拣臂末端振动具有较大的超调量，两芯片分拣臂分别达到 128μm 和 50μm，芯片分拣臂机构稳定时间为 20ms。双芯片分拣臂之间超调量差别显著，显然高频往复运行状态对芯片分拣臂机构本身的动力学特性存在影响。

芯片分拣臂末端在旋转及升降方向的实际测量位移数值都超出设计要求，图 5-12 中双芯片分拣臂在旋转及升降方向上，在接触芯片时间段内的芯片分拣臂末端振动位移幅值都超出了预设数值 5μm，芯片分拣臂 1 升降方向其末端振动位移幅值甚至达到了 26μm。

进一步分析可知，图 5-12 所示的芯片分拣臂 1 末端振动位移曲线显示，在芯片分拣臂升降动作时刻，在旋转方向的芯片分拣臂 1 末端位移测量值相应增大。显然，芯片分拣臂机构在拾取和放置芯片过程中，上下方向的芯片分拣臂升降运动冲击引起芯片分拣臂结构在旋转方向上的振动，而该旋转方向的振动是影响芯片分拣臂工作精度的关键因素。

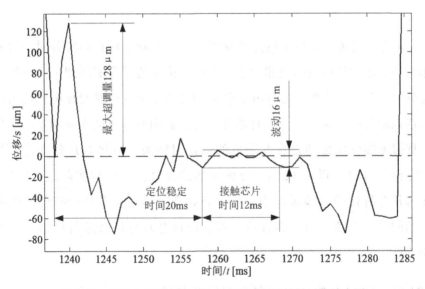

图 5-12　芯片分拣臂末端旋转方向振动测试结果局部放大图

由芯片分拣臂机构惯性冲击下的芯片分拣臂末端位移测量实验得到如下结论：

①由于高频往复运动中引入的惯性冲击，芯片分拣臂结构导致的传动间隙、惯性延时、弹性形变等，使得芯片分拣臂运行位移存在时滞特性

②高频往复运行状态对芯片分拣臂机构本身的动力学特性存在确定影响，芯片分拣臂结构振动响应与运动过程相关。

但惯性冲击下的芯片分拣臂末端振动位移测量实验是基于固定单点位置测量方式，由于传感器安装限制、采样频率和测量精度都受到芯片分拣臂机构运行状态的限制，无法对芯片分拣臂机构运行过程中的振动响应进行完整记录。

5.1.5 分拣臂柔性特征对定位精度影响分析

芯片分拣臂的末端是拾取和放置芯片的终端，末端的振动将直接影响到芯片的定位精度。末端的振动来自三个方面：①在惯性的作用下旋转电机急停时会有很小的振动幅度，芯片分拣臂进行放大；②芯片分拣臂结构各组件之间的相互作用影响终端的定位；③芯片分拣臂在运行下呈现出柔性特性，使得动态特性发生变化影响终端的定位。本节通过测量在电机急停时刻芯片分拣臂终端的定位位移信号，分析终端的振动对定位精度的影响。

图 5-13（a）为双芯片分拣臂结构，芯片分拣臂来回 180° 旋转，一侧芯片分拣臂取芯片的同时，另外一侧芯片分拣臂放置芯片，同时工作台也在同步配合芯片分拣臂进行精确移动。实验分别在低速（运行频率 5Hz）和高速（运行频率 10Hz）下，运用位移传感器采集芯片分拣臂末端在抓取和放置芯片处旋转方向的振动位移。电涡流位移传感器型号为 EX-V01（基恩士），精度 1μm，量程 1mm，采样频率 4096Hz。图 5-13（b）为芯片分拣臂结构和电涡流位移传感器的现场布置。

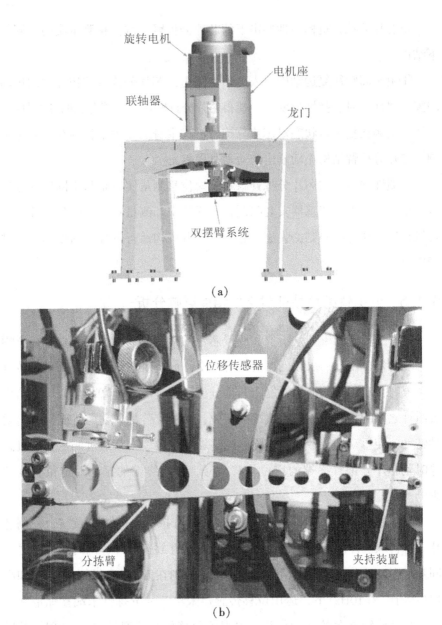

（a）

（b）

图 5-13 （a）芯片分拣臂结构 （b）电涡流传感器布置

芯片分拣臂结构在进行拾取（放置）工序时向上（下）移动，作衰减运动。如图 5-14 所示分别为低速、高速运行下芯片分拣臂末端位移曲线，从图中可以看出在旋转电机制动之后，由于惯性作用芯片分拣臂末端继续运动，做类似正弦的衰减运动，最后归为零点附近。在低速、高速下，芯片分拣臂末端振动衰减完分别用了 20.7ms、25.6ms。由于惯性作用芯片分拣臂结构端部达到的最大位移分别为 70μm、90μm。

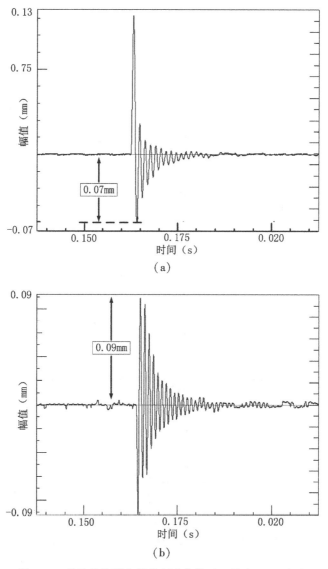

图 5-14 芯片分拣臂末端的衰减曲线 （a）低速 （b）高速

图 5-15 所示分别为低速、高速下芯片分拣臂根部位移曲线，发现与末端位移曲线相似，在低速、高速下，芯片分拣臂根部由形变最大衰减到零点附近分别用时 10.4ms、15.9ms，在惯性作用下，芯片分拣臂根部振动的最大位移分别为 20μm、30μm。在高速运行下，假如芯片分拣臂是一个纯

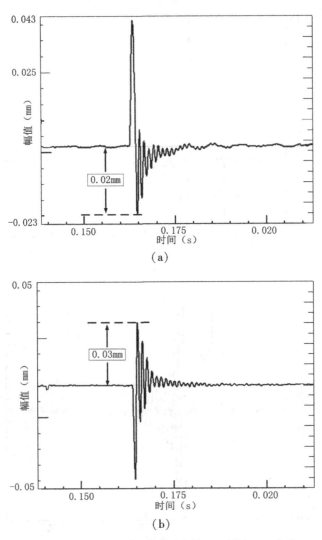

图 5-15   芯片分拣臂根部的衰减曲线（a)低速（b)高速

刚体结构,那么芯片分拣臂末端和根部衰减趋势和时间应该是一致的,而对比图 5-14 和图 5-15,说明芯片分拣臂在运行过程中呈现出柔性的特性。此外,芯片分拣臂的末端比根部的衰减所需的时间长,时间差分别为 10.3ms、9.7ms,占据了芯片分拣臂一半的衰减时间,由此说明芯片分拣臂的振动会影响芯片定位时间和精度。

因此,影响芯片拾取精度的振动来自以下几个方面:

(1)当伺服系统发出停止指令,由于精度的不同,电机无法马上停止,芯片分拣臂仍旧在旋转,这是电机驱动带来的振动误差。

(2)芯片分拣臂整体的角速度可以认为是相同的,芯片分拣臂根部的振动都被放大,造成末端产生较大的振动位移。

(3)芯片分拣臂的质量比较轻,旋转速度又特别大,在旋转过程中芯片分拣臂表现出柔性特性从而产生特定的振型。

5.2 有限元仿真分析

芯片分拣臂有限元模型的建立是对其动态特性分析的基础,如果有限元模型建立的不精确,偏离实际模型,就会与后面的实验所得结果相差较大从而产生较大的求解误差,因此,需要对芯片分拣臂结构进行准确的尺寸测量。运用 AutoCAD 和 Pro/E 分别作出芯片分拣臂结构的二维平面图和三维建模图,如图 5-16 所示。

运用有限元仿真软件对芯片分拣臂结构进行谐响应分析和模态分析,有限元分析的基本流程如图 5-17 所示。其中几何模型、划分网格,以及相关参数确定为前处理内容。计算是指根据模型及实际问题的特征来挑出最佳的求解器进行求解。后处理过程不会对计算结果有影响,其主要是把计算结果展现出来的过程。

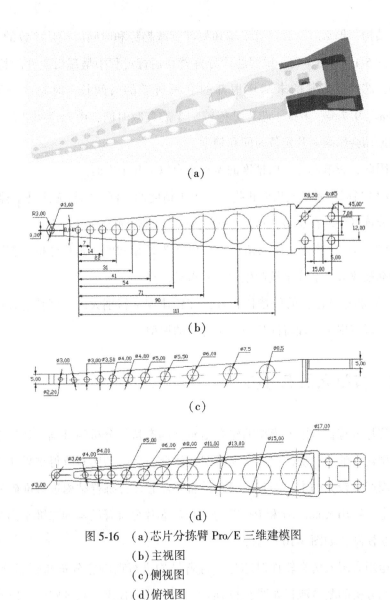

图 5-16　（a）芯片分拣臂 Pro/E 三维建模图

　　　　（b）主视图

　　　　（c）侧视图

　　　　（d）俯视图

| 前处理
（划分网格、添加边界约束、力学约束） | 计算
（模态、谐响应、响应谱分析） | 后处理
（分析、评估、改进、优化） |

图 5-17　芯片分拣臂有限元分析基本流程

5.2.1 芯片分拣臂结构模态分析

模态分析是一种测量结构在振动下的响应，通过辨识响应信号，得到结构的固有频率和模态振型，进而分析结构动力学特性的方法。以芯片分拣臂为研究对象，利用有限元分析软件(Ansys workbench 14.5)进行计算模态分析，首先创建芯片分拣臂的有限元模型，材料为铝合金，密度为 $2770kg/m^3$，泊松比为 0.33，弹性模量为 71Gpa，基于芯片分拣臂在实际运行过程中只是表现为质量属性，因此将吸嘴部分的结构等效为一个质量点。其次由于芯片分拣臂的末端与联轴器采用螺栓的方式固联，因此芯片分拣臂末端与电机轴连接部分可以等效为对芯片分拣臂末端的四个螺纹孔采用固定约束，并增加了线性弹簧单元(Interaction 模块，弹簧刚度 10N/mm)，近似于工况下的边界条件，如图 5-18 所示。对于各个零部件的质量、转动惯量和扭转刚度等特性系数由厂商提供，在 Pro/E 中设置，输入相应的材料属性，软件会自动计算其相关参数值。芯片分拣臂的有限元模型网格采用四面体网格划分(Tetrahedrons)，单元类型为 Sold187，网格单元数为 13720 个。在 Ansys 中应用 Frequency Finder 模态求解器对芯片分拣臂模拟工况下的约束模态进行求解，计算得到其前六阶振型如图 5-19 所示。

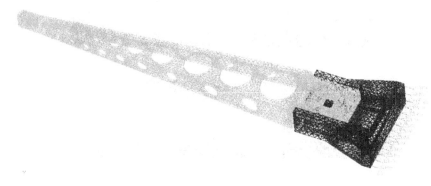

图 5-18 LED 芯片分拣臂有限元模型

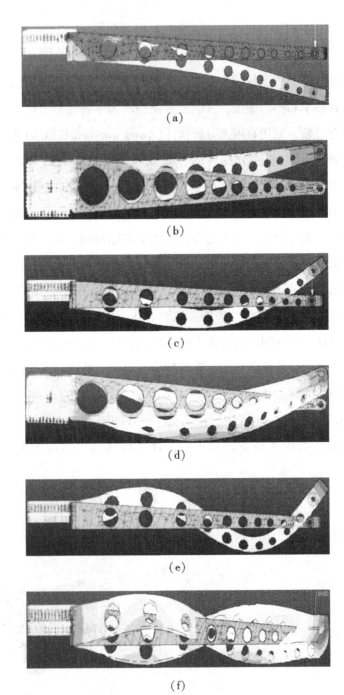

图 5-19　LED 芯片分拣臂前六阶振型图：(a)-(f)为 1~6 阶

通过对芯片分拣臂进行模态分析，得出了如图 5-19 所示芯片分拣臂前六阶的模态振型，固有频率分别为：31.6Hz、162.4Hz、203.8Hz、407.1Hz、610.7Hz、993.6Hz。根据图 5-19 中芯片分拣臂的振型图及云图颜色变化来看，从第一阶到第六阶的振型及云图，芯片分拣臂从首端到末端，受影响程度依次呈减弱趋势，基本上都在芯片分拣臂最前端受影响程度最大，处于振动最强烈位置，振动位移最大。当芯片分拣臂处于第二、第四和第六阶时，由于此时芯片分拣臂变现为扭转，所以在中间部分受影响也较大，产生较大的振动位移。由此可知芯片分拣臂的最前端到芯片分拣臂中间这一段为振动最为严重部分，芯片分拣臂在前端吸嘴部分处都存在较大的应变，说明芯片分拣臂吸嘴部分刚度不够，应当注意对芯片分拣臂做出合理结构设计，改善这部分的振动。

当外部激振频率达到 31.6Hz 时产生第一阶模态振型，芯片分拣臂表现为一阶弯曲上下振动，芯片分拣臂的上下振动使得芯片分拣臂在拾取芯片过程中难免会对芯片产生冲击碰撞，这样会对芯片造成损害，因此，这一振型对于芯片分拣臂拾取芯片过程是不利的。当外部激励频率达到 162.4Hz 时，产生表中所示的第二阶模态振型，芯片分拣臂表现为一阶扭转产生左右摆动，需要特别注意避免发生该振型，会直接影响芯片分拣臂拾取芯片的效率和对芯片的准确拾取。当外界激励频率 203.8Hz 时将会产生第三阶固有模态振型，此时芯片分拣臂表现为二阶弯曲上下振动，振动较第一阶弯曲上下振动更加强烈。当外界激励频率为 407.1Hz 时，将产生如上表所示的第四阶固有模态振型，表现为二阶扭转左右摆动，摆动较一阶扭转左右摆动更剧烈，因此需要避免外界激励频率在该频率附近。当外界激励频率达 610.7Hz 时，将产生上表所示的第五阶固有模态振型，表现为三阶弯曲上下振动，振动较第一、三阶弯曲上下振动更加强烈。当外界激励频率达到 993.6Hz 时，将产生上表所示的第六阶固有模态振型，通过有限元模态振型动态模拟可知，此时芯片分拣臂发生第三阶扭转左右摆动，扭转摆动幅度从芯片分拣臂前端一直延伸到芯片分拣臂末端，对芯片分拣臂的正常工作和寿命有较大的影响，需要严格避免此类振型的出现。

5.2.2　芯片分拣臂结构谐响应分析

为了了解各阶频率对芯片分拣臂结构动载荷的响应情况，需要找到影响芯片分拣臂结构动态特性最大的模态频率，需要进行谐响应分析。谐响应分析是通过输入已知的正弦(余弦)载荷，得到系统在每一个自由度上的谐响应值，表达式为 $F = F_0 \cos(\omega t)$，其中 ω 为分析频率范围，F_0 为任意激励力。采用 Ansys 的 Harmonic 模块，定义输入频率范围为 $0 \sim 2500 \text{Hz}$，设定计算结构前六阶模态。

当采用有限元分析进行相关计算时，由于不知道边界上具体的位移值和力值，因此计算结构边界条件的处理非常关键。边界上的支撑条件恰当与否对有限元计算的结果影响比较大，不合理的边界处理可能会使计算比较复杂，但是对支撑条件做一些合理的假设常常可以大大简化计算。根据芯片分拣臂实际支撑情况，将芯片分拣臂末端施加零位移约束，在芯片分拣臂前端表面作为压力边界条件。承受垂直方向载荷 $F = F_0 \cos(\omega t)$，因为在做芯片分拣臂谐响应实验时，采用的是任意激励力，所以计算时采用单位谐振力，所以 $F_0 = 1$，$\omega = 0 \sim 2500 \text{Hz}$。芯片分拣臂有限元分析模型如图 5-20。芯片分拣臂在垂直方向上应力-频率和位移-频率曲线分析如图 5-21 和图 5-22。

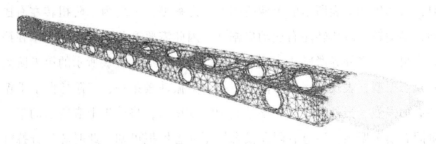

图 5-20　LED 芯片分拣臂有限元模型

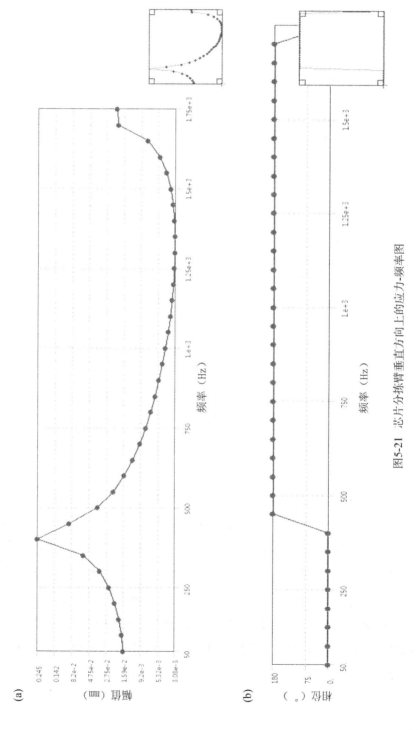

图5-21 芯片分拣臂垂直方向上的应力-频率图

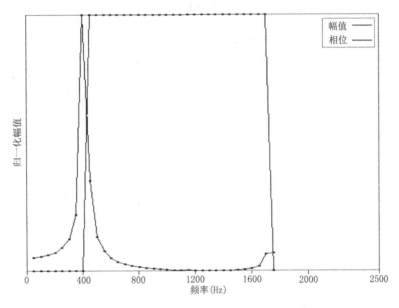

图 5-22　芯片分拣臂垂直方向上的位移-频率图

　　从图中可知，在频率为 400Hz 时，芯片分拣臂出现最大应力，在频率为 400~1700Hz 时，芯片分拣臂呈现较大的角位移。通过将芯片分拣臂振型与谐响应分析结果对比分析发现，在第四阶到第六阶表现出较大的角位移，扭转现象比较明显，而应力最大出现在 400Hz 处，这个频率非常接近第四阶固有频率了，所以在芯片分拣臂实际运行过程中要严格避免外界激励频率出现在第四阶固有频率附近，否则不但会严重影响到芯片分拣臂的分选效率以及分选精度，而且会对芯片分拣臂的寿命产生较大的不利影响。至于后面在 1700Hz 时也出现了应力峰值，其相对频率在 400Hz 所产生的应力要小得多，而且 1700Hz 是高频，通常情况下，芯片分拣臂在现实运行时很难达到。因此，在设计芯片分拣臂的时候可以重点考虑在芯片分拣臂运行频率为 400Hz 左右即第四阶固有频率附近时芯片分拣臂所受的应力影响。

5.3 分拣臂系统薄弱组件的辨识

模态质量是机械结构动态特性研究中的重要动力学特性参数，也是其控制设计和负载设计的重要参数。机械结构是由很多组件组成，各组件之间会存在相互作用，而各组件的模态质量可以直接反映它们的振动能量，当其中某个组件在模态质量分布矩阵中振幅较高，意味着该组件是结构系统中较薄弱的组件。因此，通过模态质量分布矩阵可以识别出芯片分拣臂结构的薄弱组件。目前，最大的问题是难以获取质量矩阵，有限元方法不能理想的获取质量矩阵，因为复杂系统的整体质量矩阵不能通过经验得到，以及多维数的质量矩阵导致计算量很大且耗时，未归一模态质量方法在数据处理中，包含噪声的模态会被混入到质量矩阵中，导致不准确的结果。因此，需要一种从多自由度振动系统方程中直接获得质量矩阵的方法，然后用于计算模态质量矩阵。本节基于 LED 芯片高速分选机芯片分拣臂系统多组件模型，采用基于遗传编程的符号回归方法快速辨识芯片分拣臂系统中薄弱组件，进而有针对性的对芯片分拣臂系统振动特性进行研究，该方法相比于传统的回归算法得到的拟合函数更精确。

5.3.1 基于遗传编程的符号回归算法

符号回归根据设定的自变量值和函数值，采用拟合的办法，从简单模型自动搜索到复杂模型，找到符合它们的函数表达式，包括确定数学函数的形态、函数中常量以及对应的系数①。符号回归优点在于不需要设定拟合公式，只需要确定函数形式和系数，在处理实验数据、求解公式上有广

---

① Billard L, Diday E. Symbolic regression analysis [M]. Classification, Clustering, and Data Analysis. Springer, Berlin, Heidelberg, 2002：281-288.

泛的应用，客观地找到实验数据的规律①。而传统回归方法都需要事先设定函数的具体表达式，才能得到拟合函数的系数，常用的有多项式回归、线性和非线性回归方法。

结构振动系统的运动方程通常可以写成：

$$[M]\{\ddot{X}\} + [C]\{\dot{X}\} + [K]\{X\} = \{F\} \tag{5-1}$$

其中，$[M] = \begin{bmatrix} M_1 & \cdots & 0 \\ \vdots & \ddots & \vdots \\ 0 & \cdots & M_n \end{bmatrix}$ 为系统的质量矩阵，$[C]$ 是系统的阻尼矩

阵，$[K]$ 是系统的刚度矩阵，$\{X\}$ 是系统的响应矢量，$\{F\}$ 是系统的外部激励力矢量。

对于经典阻尼结构，模态质量、刚度和阻尼可以直接从与质量、刚度和阻尼矩阵相关的传递函数矩阵得到，通常称为频率响应函数（FRF）。当质量矩阵右乘模态振型向量，同时左乘以模态振型向量的转置，得到的结果是对角矩阵，如公式（5-2）所示。这是模态质量的定义。

$$\{\varphi\}^T [M] \{\varphi\} = \begin{bmatrix} \ddots & & \\ & m & \\ & & \ddots \end{bmatrix} \tag{5-2}$$

其中，$\{\varphi\} = \{\{\varphi_1\}, \{\varphi_2\}, \cdots, \{\varphi_n\}\}$ 是模态振型矩阵；$\begin{bmatrix} \ddots & & \\ & m & \\ & & \ddots \end{bmatrix}$

是模态质量矩阵。对于机械结构系统，第 i 阶模态的模态质量可以表示为：

$$m_i = \{\varphi_i\}^T \begin{bmatrix} M_1 & \cdots & 0 \\ \vdots & \ddots & \vdots \\ 0 & \cdots & M_n \end{bmatrix} \{\varphi_i\} \tag{5-3}$$

---

① Zelinka I, Oplatkova Z, Nolle L. Analytic programming-Symbolic regression by means of arbitrary evolutionary algorithms[J]. Int. J. of Simulation, Systems, Science and Technology, 2005, 6(9): 44-56.

其中 $\{\varphi_i\} = [\varphi_{1i} \quad \varphi_{2i} \quad \cdots \quad \varphi_{ni}]^T$ 和 $\{\varphi_i^T\}$ 是第 i 阶模态的振型向量及其转置向量。如公式(5-3)所示，$M_k \varphi_{ki}^2 (i=1, 2, \cdots, n)$ 可以看作在 i 自由度下第 k 组件的振动能量。模态质量表达式类似于动力学表达式。如果动能主要集中在一些局部自由度中，则可以推断出那些自由度对应的结构是较弱的组件。

根据公式(5-1)，计算过程可分为三组，包括 X 自由度，Y 自由度和 Z 自由度，三个自由度的结构振动系统是相互独立的。以 X 自由度为例，我们将每个组件的 X 自由度在 n 个点的位移设置为 x_i，$(i=1, 2, \cdots, n)$，则速度用 $\dot{x}_i$ 表示，加速度用 $\ddot{x}_i$ 表示。X 自由度位移矢量为 $\{X\} = (x_1, x_2, \cdots, x_n)$，其速度矢量和加速度矢量分别为 $\{\dot{X}\} = (\dot{x}_1, \dot{x}_2, \cdots, \dot{x}_n)$ 和 $\{\ddot{X}\} = (\ddot{x}_1, \ddot{x}_2, \cdots, \ddot{x}_n)$；外部激振力为 $\{F\}_X$；质量矩阵，阻尼矩阵和刚度矩阵分别是 $[M]_X$，$[C]_X$，$[K]_X$。基于激励和响应时间序列数据，使用符号回归方法。对于 n 个点，因此有 n 个方程如下所示：

$$\begin{cases} f_{X1} = M_{X1}\ddot{x}_1 + C_{X1,1}\dot{x}_1 + C_{X1,2}\dot{x}_2 + \cdots + C_{X1,n}\dot{x}_{21} + K_{X1,1}x_1 + K_{X1,2}x_2 + \cdots + K_{X1,n}x_n \\ f_{X2} = M_{X2}\ddot{x}_2 + C_{X2,1}\dot{x}_1 + C_{X2,2}\dot{x}_2 + \cdots + C_{X2,n}\dot{x}_{21} + K_{X2,1}x_1 + K_{X,2}x_2 + \cdots + K_{X2,n}x_n \\ \qquad\qquad\qquad\qquad\qquad\qquad \vdots \\ f_{Xi} = M_{Xi}\ddot{x}_1 + C_{Xi,1}\dot{x}_1 + C_{Xi,2}\dot{x}_2 + \cdots + C_{Xi,n}\dot{x}_{21} + K_{Xi,1}x_1 + K_{Xi,2}x_2 + \cdots + K_{Xi,n}x_n \\ \qquad\qquad\qquad\qquad\qquad\qquad \vdots \\ f_{Xn} = M_{Xn}\ddot{x}_1 + C_{Xn,1}\dot{x}_1 + C_{Xn,2}\dot{x}_2 + \cdots + C_{Xn,n}\dot{x}_{21} + K_{Xn,1}x_1 + K_{Xn,2}x_2 + \cdots + K_{Xn,n}x_n \end{cases}$$

$$(5\text{-}4)$$

然而，采用传统的符号回归算法很难得到准确的 $[M]$，$[C]$ 和 $[K]$，现有的搜索的算法有遗传规划算法和逐步回归算法，本节将遗传规划方法应用到符号回归算法，找到准确的符号表达式。

Koza J R 于 1992 年提出遗传规划算法[1]，对比传统的数据拟合方法，其优势在于不需要具体函数形式。在初始基数较大，设置交叉和变异概率

---

① Koza J R. Genetic programming: on the programming of computers by means of natural selection[M]. MIT Press, 1992.

合理的情况下，不会出现局部优化的结果。如果曲线拟合时不给定函数的形式，传统方法无法自动得到曲线的函数形式和其系数大小，遗传规划算法则解决了这一问题。遗传规划算法是一种自动查找最优路径的方法，在一定空间中寻找合适的计算机程序，生成任意的初始化粒子群，通过遗传操作逐渐找到满足条件的结果①。

本节运用遗传规划算法来完成符号函数的搜索进化的过程，采用误差驱动模式进化，即理想值和实际值之间的误差。遗传规划算法流程如图5-23所示，一般分为下面几个步骤：

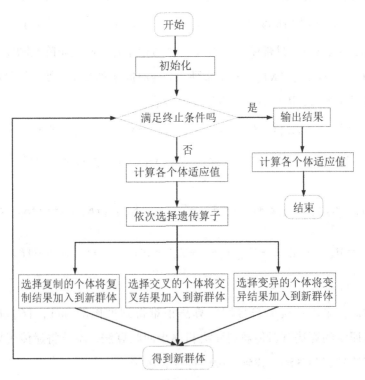

图 5-23　遗传规划算法流程

① Karaboga D，Ozturk C，Karaboga N，et al. Artificial bee colony programming for symbolic regression[J]. Information Sciences，2012，209：1-15.

(1)确定终止符集和函数集

在符号回归中,终止符集包含随机变量和函数变量,引入 0~1 的常数作为随机变量,函数变量只有输入变量 x,这样就可以生成任意变量。函数集包括+,-,/,*,sin,cos,log,exp 等运算法则。根据响应和外部激励之间的等式结构,函数集选择:

$$F = \{+, -, *, /, \sin, \cos, \log, \exp\}$$
$$T = \{t, x, v, a, f, I\} \tag{5-5}$$

在模型中,输入是时间变量 t,位移变量 x,速度变量 v,加速度变量 a,外部激励力 f 和常数 I,输出是质量矩阵 $[M]$。通过符号回归程序,我们可以通过建立这些输入变量之间的关系,从表达式结构中的系数中获取质量矩阵,阻尼矩阵和刚度矩阵。通常情况下,在没有假设或依赖于预先信息而只是在识别之前使用数学符号的情况下,我们直接通过函数得到系统的质量矩阵。

(2)初始群体的确定

遗传规划算法的初始种群是一系列个体的组合,个体是由终止符和函数集组合而成,比如:个体 1 为 $c_1 = \text{rand}3 + \sin x_2$,个体 2 为 $c_2 = x_1 * \text{rand}4$ 等。

(3)复制,交叉和变异

在程序处理中,我们输入 $\{X\}$,$\{\dot{X}\}$,$\{\ddot{X}\}$,$\{F\}_x$,基本算了包括复制、交叉和变异,通过这些算子,初始阶段产生的种群得到改善。

①复制。顾名思义是复制出一模一样的个体,但是你根据适应度选择优秀的个体进行复制到新的一代中。

②交叉。它是将两个父代个体的部分相互替代,生成两个新的个体,如图 5-24 所示。

③变异。就是子代偶尔会诞生出父代中不存在的性状,有时候这些偶然间产生的性状比之前的性状更加适应环境的子代,包含函数集的变异和终止符的变异,如图 5-25(a)和图 5-25(b)所示。因为变异的随机性,保证

了个体的多样性，避免了产生局部最优路径。

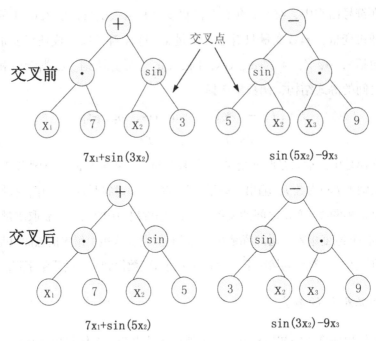

图 5-24　交叉操作示例

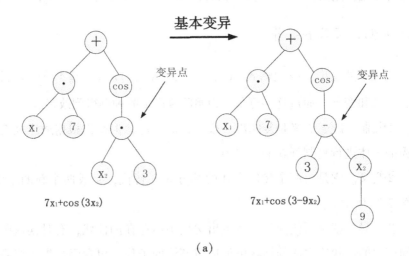

(a)

图 5-25　变异操作示例(1)

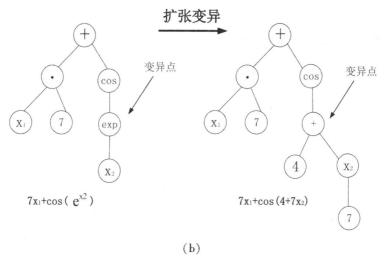

扩张变异

变异点

变异点

$7x_1+\cos(e^{x_2})$

$7x_1+\cos(4+7x_2)$

(b)

图 5-25 变异操作示例(2)

(4) 确定适应度

在遗传规划算法中加入适应度的参考指标来剔除和需求进化方向不匹配的子代,达到新产生的子代接近需求进化方向的目标。适应度反映了个体表达式与真实解的贴合程度,假设个体 i 计算值为 $f(x)$,目标值为 $g(x)$,可采用如下公式来计算适应度的大小。

$$F_i = \sum_{j=1}^{n} |f(x_j) - g(x_j)| \tag{5-6}$$

对于符号回归算法,适应度的值越小,个体表达式预测越好。在机械系统分析过程中,评估性能标准是以测量观察值与使用符号回归算法产生的值的接近程度。目标是最小化预测与观测数据之间的误差方差,因此可以用均方差的倒数作为适应度:

$$F_f = \frac{1}{N-1} \sum_{i=1}^{N} [f^t(x_j)_i - \mu^t] \cdot [f^p(x_j)_i - \mu^p] \tag{5-7}$$

其中 $f^t(x_j)_i$ 对于 $i = 1, \cdots, N$ 是观测数据;$f^p(x_j)_i$ 对于 $i = 1, \cdots, N$ 是来自候选相关性的预测值。直接使用公式(5-7)作为适应度会存在问题,它会造成含有多种函数项的复杂形式的相关关系。为了避免这点，同时有利于适应度公式更紧凑，可以根据每个相关性的大小对适应度函数进行调整。虽然适应度公式可以有很多种形式，我们遵循 McKay[①] 所选择的适应度公式：

$$Q_f = \frac{1}{1 + e^{a_1 \cdot (L - a_2)}} \cdot \frac{\left(\dfrac{1}{N-1} \sum\limits_{i=1}^{N} \left[f^t(x_j)_i - \mu^t \right] \cdot \left[f^p(x_j)_i - \mu^p \right] \right)}{\sigma^t \cdot \sigma^p} \tag{5-8}$$

其中 $f^t(x_j)_i$ 和 σ^t 分别是观测数据和其均方差，$f^p(x_j)_i$ 和 σ^p 分别是预测数据和其均方差；a_1 和 a_2 是罚函数的参数，L 是树的大小（节点数）。在质量矩阵计算应用中，f 是外力；$x_j (j = 1, \cdots, N_v)$ 是无量纲组，例如位移，速度和加速度。该标准可以最小化预测值和数据之间平方残差的平均值。

　　执行三个遗传算子之后获得下一代，并且重复该过程直到满足标准即可停止，停止标准可以使用规定的代数或模型的阈值精度（个体）。在本章中，提出了遗传规划方法来制定作为输出的数学模型（符号表达式），这个数学模型表示出了位移、速度、加速度、外激励等一系列变量之间的方程表达式结构，及其系数，质量矩阵、刚度矩阵和阻尼矩阵则包含在方程的系数中。最后，我们得到以下表达式：

$$\{F\}_X = \begin{pmatrix} M_{X1} & \cdots & 0 \\ \vdots & \ddots & \vdots \\ 0 & \cdots & M_{Xn} \end{pmatrix} \{\ddot{X}\} + \begin{pmatrix} C_{X1,1} & \cdots & C_{X1,n} \\ \vdots & \ddots & \vdots \\ C_{Xn,1} & \cdots & C_{Xn,n} \end{pmatrix} \{\dot{X}\} + \begin{pmatrix} K_{X1,1} & \cdots & K_{X1,n} \\ \vdots & \ddots & \vdots \\ K_{Xn,1} & \cdots & K_{Xn,n} \end{pmatrix} \{X\}$$

$$\tag{5-9}$$

其中 $\{M\}_X$，$\{C\}_X$ 和 $\{K\}_X$ 作为方程的系数被符号回归算法搜索得到。同样的，Y 自由度和 Z 自由度的处理过程与 X 自由度一致。机构的质量矩阵可表示为：

---

　　① McKay B, Willis M, Barton G. Steady-state modelling of chemical process systems using genetic programming[J]. Computers and Chemical Engineering, 1997, 21(9): 981-996.

$$\{M\}^{SR} = \begin{pmatrix} M_{X1} & 0 & 0 & & 0 & 0 & 0 \\ 0 & M_{Y1} & 0 & \cdots & 0 & 0 & 0 \\ 0 & 0 & M_{Z1} & & 0 & 0 & 0 \\ & \vdots & & \ddots & & \vdots & \\ 0 & 0 & 0 & & M_{Xn} & 0 & 0 \\ 0 & 0 & 0 & \cdots & 0 & M_{Yn} & 0 \\ 0 & 0 & 0 & & 0 & 0 & M_{Zn} \end{pmatrix} \tag{5-10}$$

得到质量矩阵$\{M\}^{SR}$之后，可以通过 EMA 方法或 EMA 与 OMA 结合的方法计算相应的归一化的模态振型矩阵$[\varphi]$。因此，机械结构的模态质量分布矩阵可表示为：

$$[\{m\}'] = [\{m'_1\} \quad \{m'_2\} \quad \cdots \quad \{m'_n\}] = [\varphi]^T\{M\}^{SR}[\varphi] \tag{5-11}$$

5.3.2 质量矩阵估算的仿真验证

这一节使用五自由度质量-弹簧-阻尼系统来验证所提出方法的有效性。通过公式(5-1)可以计算出理论质量矩阵，通过公式(5-10)可以计算得到理论模态振型矩阵。最后，可以计算出理论模态质量矩阵的每一个元素，即得到理论模态质量矩阵。将通过运用符号回归算法得出来的质量矩阵、阻尼矩阵和刚度矩阵与理论参考值进行比较，显示效果。图 5-26 显示了五

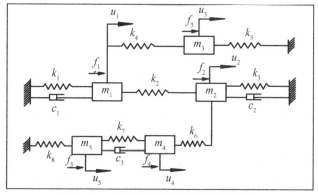

图 5-26 五自由度质量-弹簧-阻尼系统

自由度质量-弹簧-阻尼系统，m_1 到 m_5 被称为组件 1 到组件 5。

根据所述系统模型，建立如下方程：

$$\begin{cases} m_1\ddot{u}_1+c_1\dot{u}_1+(k_1+k_2+k_4)\,u_1-k_2u_2-k_4u_3=f_1 \\ m_2\ddot{u}_2+c_2\dot{u}_2-k_2u_1+(k_2+k_3+k_6)\,u_2-k_6u_4=f_2 \\ \qquad\qquad m_3\ddot{u}_3-k_4u_1+(k_4+k_5)\,u_3=f_3 \\ m_4\ddot{u}_4+c_3\dot{u}_4-c_3\dot{u}_5-k_6u_2+(k_6+k_7)\,u_4-k_7u_5=f_4 \\ \qquad m_5\ddot{u}_5-c_3\dot{u}_4+c_3\dot{u}_5-k_7u_4+(k_7+k_8)\,u_5=f_5 \end{cases} \tag{5-12}$$

其中 m_1，m_2，m_3，m_4，m_5 是质量 k_1，k_2，k_3，k_4，k_5 是刚度；c_1，c_2，c_3，c_4，c_5 是阻尼；u_1，u_2，u_3，u_4，u_5 是输出响应；f_1，f_2，f_3，f_4，f_5 是外部激励力。所有系统参数的选定值如表 5-6 所示。此外，激励力选择正弦序列 $f_{1,2,3,4,5}=10\sin(2\pi\cdot50t)$。

表 5-6　系统模型参数设置

质量	大小	刚度	大小	阻尼	大小
m_1	1000g	k_1	1000N/m	c_1	0.2N/(m/s)
m_2	600g	k_2	2000N/m	c_2	0.5N/(m/s)
m_3	2000g	k_3	4000N/m	c_3	0.25N/(m/s)
m_4	500g	k_4	6000N/m		
m_5	1000g	k_5	1000N/m		
		k_6	1000N/m		
		k_7	2000N/m		
		k_8	1500N/m		

在公式(5-12)中，质量矩阵、阻尼矩阵和刚度矩阵可以表示为公式(5-13)。然后，计算出的模态振型矩阵 $\{\Phi\}^{TR}$ 是公式(5-14)。根据前面的公式(5-3)可以得到模态质量矩阵公式(5-15)作为理论参考。

$$\{M\} = \begin{bmatrix} m_1 & & & & \\ & m_2 & & & \\ & & m_3 & & \\ & & & m_4 & \\ & & & & m_5 \end{bmatrix}$$

$$\{C\} = \begin{bmatrix} c_1 & & & & \\ & c_2 & & & \\ & & 0 & & \\ & & & c_3 & -c_3 \\ & & & -c_3 & c_3 \end{bmatrix} \qquad (5\text{-}13)$$

$$\{K\} = \begin{bmatrix} k_1+k_2+k_4 & -k_2 & -k_4 & & \\ -k_2 & k_2+k_3+k_6 & & -k_6 & \\ -k_4 & & k_4+k_5 & & \\ & -k_6 & & k_6+k_7 & -k_7 \\ & & & -k_7 & k_7+k_8 \end{bmatrix}$$

$$\{\Phi\}^{TR} = \begin{bmatrix} & \text{Mode1} & \text{Mode2} & \text{Mode3} & \text{Mode4} & \text{Mode5} \\ \text{Component1} & 1.65 & -1.91 & 0.60 & -2.66 & 0.63 \\ \text{Component2} & -2.80 & -1.98 & 2.00 & -1.01 & -0.62 \\ \text{Component3} & -0.46 & 0.91 & -0.48 & -3.20 & 0.99 \\ \text{Component4} & 0.76 & 1.58 & 4.17 & -1.13 & -5.05 \\ \text{Component5} & -0.14 & -0.50 & -2.25 & -0.91 & -5.27 \end{bmatrix}$$

$$(5\text{-}14)$$

$$\{m\}^{TR} = \begin{bmatrix} 8.22 & 0 & 0 & 0 & 0 \\ 0 & 9.17 & 0 & 0 & 0 \\ 0 & 0 & 17.03 & 0 & 0 \\ 0 & 0 & 0 & 29.74 & 0 \\ 0 & 0 & 0 & 0 & 43.24 \end{bmatrix} \cdot 10^3 \qquad (5\text{-}15)$$

为了计算出五自由度质量-弹簧-阻尼系统的模态质量矩阵，必须首先得到质量矩阵和归一化的模态振型矩阵。采用 MATLAB-simulink 仿真软件生成的白噪声时间序列选择激励力，激励力输入到系统中（State-Space），输出为位移（Scope），对位移求一阶导为速度，对速度求一阶导为加速度，MATLAB-simulink 流程图如图 5-27 所示。通过求解公式（5-12）得到系统的响应时间序列。

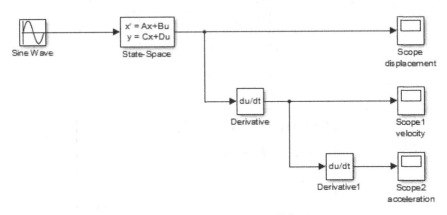

图 5-27　MATLAB-simulink 模块图

下面介绍如何计算系统模态振型的方法，首先对公式（5-1）进行拉氏变换，得到公式（5-16）：

$$(p^2[M]+p[C]+[K])\{X(p)\}=\{F(p)\} \tag{5-16}$$

可将系统方程公式（5-16）转化为一般特征值问题公式（5-17）：

$$(p[A]+[B])\{Y\}=\{f'\} \tag{5-17}$$

其中，$[A]=\begin{bmatrix} 0 & M \\ M & C \end{bmatrix}$，$[B]=\begin{bmatrix} -M & 0 \\ 0 & K \end{bmatrix}$，$\{Y\}=\begin{Bmatrix} p\{X\} \\ \{X\} \end{Bmatrix}$，$\{f'\}=\begin{Bmatrix} \{0\} \\ \{F\} \end{Bmatrix}$

假设力函数等于零，那么公式（5-17）就转换成了关于实数矩阵的一般特征值问题，因为模态振型是系统自身的特性，与输入无关，因此可利用公式（5-18）计算系统的模态振型。

$$(p[A]+[B])\{Y\}=\{0\} \tag{5-18}$$

其中，p 为系统的特征值，包含固有频率、阻尼比等信息，$\{Y\} = \left\{ \begin{array}{c} \lambda\{\Psi\} \\ \{\Psi\} \end{array} \right\}$，其中 $\{\Psi\}$ 为模态振型。对公式(5-18)进行转换得到公式(5-19)：

$$[B][A]^{-1}[A]\{Y\} = -p[A]\{Y\} \tag{5-19}$$

观察公式(5-19)可知，$-p$ 为矩阵 $[B][A]^{-1}$ 的特征值，$[A]\{Y\}$ 为 $[B][A]^{-1}$ 的特征向量，因此通过分解此矩阵得到系统的固有频率、振型等信息。

整体图　　　　　　　　　　　局部图

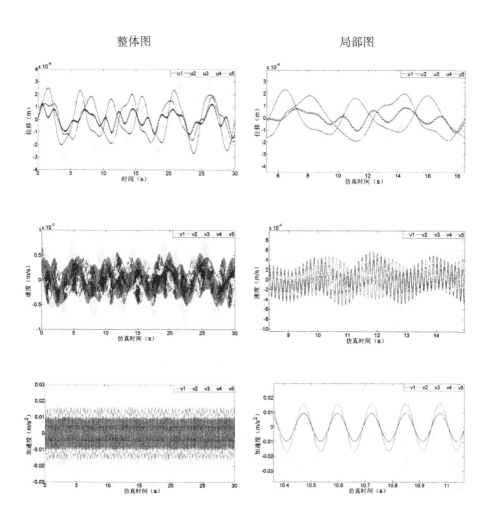

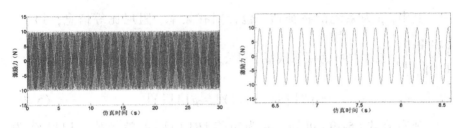

图 5-28　系统模型的输入数据(左列：整体图；右列：局部图)

采用第 5.3.1 节提出的符号回归算法来获得质量矩阵，具体步骤如下：

(1)准备输入数据

5 个响应的位移时间序列 $\{u_1, u_2, u_3, u_4, u_5\}$；5 个响应的速度时间序列 $\{v_1, v_2, v_3, v_4, v_5\}$；5 个响应的加速度时间序列 $\{a_1, a_2, a_3, a_4, a_5\}$；5 个外激励力序列 $\{f_1, f_2, f_3, f_4, f_5\}$；结果如图 5-28 所示。

(2)函数集和终止符集选择

函数集为 $\{+, -, \times, \div\}$，终止符集为：

$\{u_1, u_2, u_3, u_4, u_5, v_1, v_2, v_3, v_4, v_5, a_1, a_2, a_3, a_4, a_5, f_1, f_2, f_3, f_4, f_5\}$；

(3)识别搜索的函数表达式中的自变量和因变量

因变量是 $\{f_1, f_2, f_3, f_4, f_5\}$，而自变量是：

$\{u_1, u_2, u_3, u_4, u_5, v_1, v_2, v_3, v_4, v_5, a_1, a_2, a_3, a_4, a_5\}$；

(4)设定算法程序参数

如下：种群大小设为 60，最大迭代次数设为 100，最大树深度设为 10，交叉概率 $P_c = 0.9$，变异概率 $P_m = 0.5$，适应度函数参数 $a_1 = 0.2$，适应度函数参数 $a_2 = 30$。公式(5-8)是适应度函数公式，其中 L 是公式树的大小。

表 5-7 为计算获得的函数表达式和质量矩阵，以及适应度的评估过程如图 5-29 所示。

表 5-7　模型的搜索结果

	$\{f\}=F(u_1, u_2, u_3, u_4, u_5, v_1, v_2, v_3, v_4, v_5, a_1, a_2, a_3, a_4, a_5)$
目标方程	$f_1=m_1\ddot{u}_1+c_1\dot{u}_1+(k_1+k_2+k_4)u_1-k_2u_2-k_4u_3$ $f_2=m_2\ddot{u}_2+c_2\dot{u}_2-k_2u_1+(k_2+k_3+k_6)u_2-k_6u_4$ $f_3=m_3\ddot{u}_3-k_4u_1+(k_4+k_5)u_3$ $f_4=m_4\ddot{u}_4+c_3\dot{u}_4-c_3\dot{u}_5-k_6u_2+(k_6+k_7)u_4-k_7u_5$ $f_5=m_5\ddot{u}_5-c_3\dot{u}_4+c_3\dot{u}_5-k_7u_4+(k_7+k_8)u_5$
函数设置	自变量，常数，运算符号
计算得到的方程	$f_1=1031.28542\ddot{u}_1-3980.24754\dot{u}_1+3.84671$ $f_2=627.91486\ddot{u}_2-3751.71681\dot{u}_2+4.34852$ $f_3=2075.17374\ddot{u}_3-3719.58957u_3+4.29742$ $f_4=519.37487\ddot{u}_4-3854.44176\dot{u}_5+3.16945$ $f_5=1042.52327\ddot{u}_5-3637.85394\dot{u}_4+3.76465$
系数矩阵	$\{M\}^{SR}=\begin{bmatrix}1031.28&0&0&0&0\\0&627.91&0&0&0\\0&0&2075.17&0&0\\0&0&0&519.37&0\\0&0&0&0&1042.52\end{bmatrix}$
计算得到的模态质量矩阵	$\{m\}^{3R}=\begin{bmatrix}8.55&0&0&0&0\\0&9.52&0&0&0\\0&0&17.72&0&0\\0&0&0&30.82&0\\0&0&0&0&45.01\end{bmatrix}\cdot 10^3$

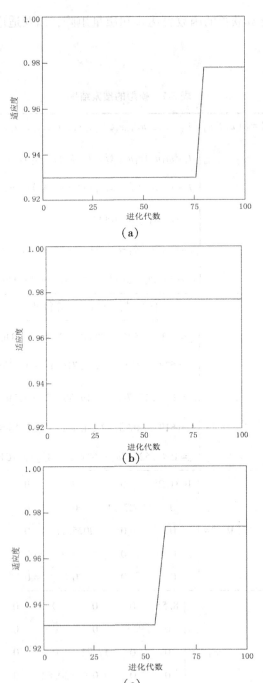

图 5-29　函数搜索的适应度曲线（a)-(e)表示方程f_1-方程f_5(1)

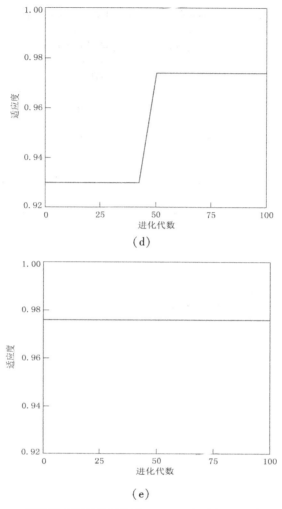

图 5-29 函数搜索的适应度曲线 (a)-(e)表示方程f_1-方程f_5(2)

在质量矩阵方面,质量矩阵的结果分别如表 5-8 所示,从表可以看出,质量矩阵的参考值和计算值比较接近,为了更直观表示,图 5-30 所示为参考值和计算值之间的相对误差,最大的误差小于 5%。进而验证了所提方法计算质量矩阵的正确性,并进一步获得了模态质量分布矩阵。

表 5-8　质量矩阵的参考值、计算值及相对误差

	质量矩阵参考值(g)	质量矩阵计算值(g)	相对误差
组件 m_1	1000	1031.28	3.12%
组件 m_2	600	627.91	4.66%
组件 m_3	2000	2075.17	3.75%
组件 m_4	500	519.37	3.80%
组件 m_5	1000	1042.52	4.25%

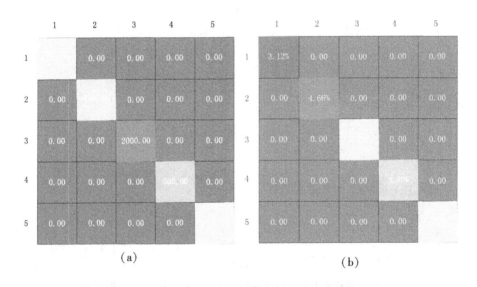

图 5-30　(a) m_1-m_5 质量矩阵参考值

(b) m_1-m_5 质量矩阵参考值和计算值之间的相对误差

　　在模态质量矩阵方面，模态质量矩阵的结果分别如表 5-9 所示，从表可以看出，模态质量矩阵的参考值和计算值比较接近，为了更直观表示，图 5-31 所示为参考值和计算值之间的相对误差，最大的误差小于 5%。

表 5-9　模态质量矩阵比较

	模态质量矩阵
参考值	$\{m\}^{TR} = \begin{bmatrix} 8.22 & 0 & 0 & 0 & 0 \\ 0 & 9.17 & 0 & 0 & 0 \\ 0 & 0 & 17.03 & 0 & 0 \\ 0 & 0 & 0 & 29.74 & 0 \\ 0 & 0 & 0 & 0 & 43.24 \end{bmatrix} \cdot 10^3$
计算值	$\{m\}^{SR} = \begin{bmatrix} 8.55 & 0 & 0 & 0 & 0 \\ 0 & 9.52 & 0 & 0 & 0 \\ 0 & 0 & 17.72 & 0 & 0 \\ 0 & 0 & 0 & 30.82 & 0 \\ 0 & 0 & 0 & 0 & 45.01 \end{bmatrix} \cdot 10^3$

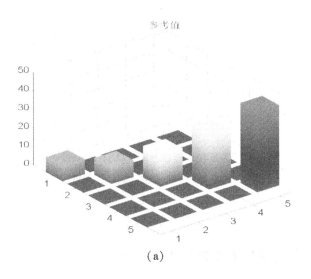

（a）

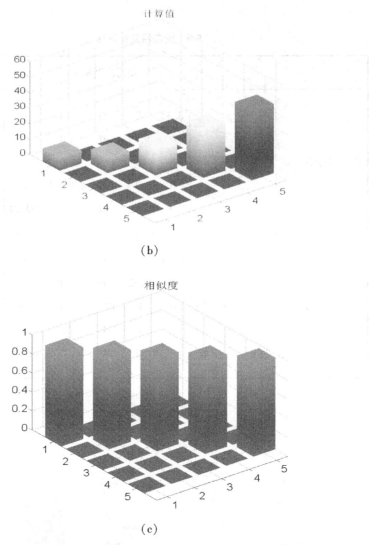

图 5-31　(a)模态质量矩阵参考值　(b)模态质量矩阵计算值
(c)参考值和计算值之间的相似度

5.3.3　芯片分拣臂系统薄弱组件的敏感性分析

为了验证所提出的方法，实验中选择 0~2048Hz 作为分析频带，需要进行以下步骤。首先，通过冲击试验进行实验模态分析，得到 0～2048Hz 的芯片分拣臂结构的固有频率和模态振型，并使用 LMS 软件获取的模态质量作为参考，用于验证方法正确性。其次，通过符号回归方法计算模态质量矩阵。最后，进行了薄弱组件的分析，验证了所提方法的准确性。

在 LED 芯片高速分选机（型号：DH-LPS436）的芯片分拣臂结构上进行冲击试验，芯片分拣臂系统是芯片分选机的关键组件如图 5-32 所示。选择芯片分拣臂、旋转轴、连接件作为三个被测对象，采用 LMS 数据采集分析设备采集（SCADAS-SCM05）加速度传感器（PCB-A15）和力锤（PCB 086C03）的信号，测得的加速信号和激励力信号存储在数据采集系统中，实验中采样频率设置为 8192Hz。在结果分析中，使用 PolyMAX 算法通过 EMA 估算整个芯片分拣臂结构在 0～2048Hz 的固有频率。

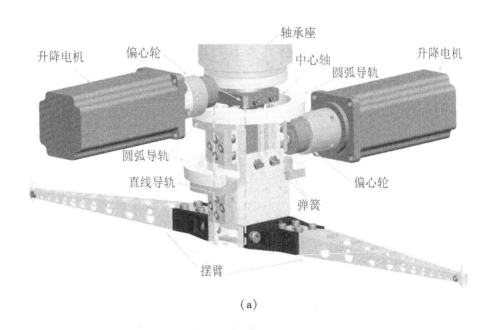

（a）

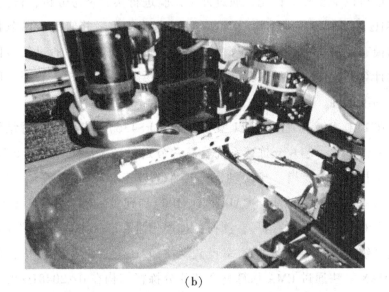

(b)

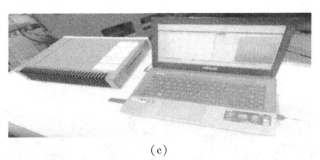

(c)

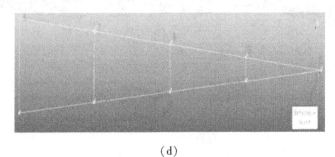

(d)

图 5-32 (a)芯片分拣臂系统模型图 (b)芯片分拣臂
(c)LMS 振动测试采集设备 (d)应变计的布置

在实验中，选择 3 个组件作为被测物，分别是芯片分拣臂、连接件、芯片分拣臂，每个组件上布置 10 个被测点。因为三个 X、Y、Z 三个自由度是相互独立的，所以这里计算 X 自由度。我们将 30 个被测点在 X 自由度上的位移用 $x_{1,2\cdots30}$ 表示，速度用 $\dot{x}_{1,2\cdots30}$ 表示以及加速度用 $\ddot{x}_{1,2\cdots30}$ 表示，步骤如下：

（1）位移矢量为 $\{X\}=(x_1,x_2,x_3\cdots x_{30})$，速度矢量和加速度矢量分别为 $\{\dot{X}\}=(\dot{x}_1,\dot{x}_2,\dot{x}_{3\ldots}\dot{x}_{30})$ 和 $\{\ddot{X}\}=(\ddot{x}_1,\ddot{x}_2,\ddot{x}_{3\ldots}\ddot{x}_{30})$。

（2）外部激励力为 $\{F_{1\ldots30}\}_X$。

（3）质量矩阵是 $[M]_X$，刚度矩阵是 $[K]_X$ 以及阻尼矩阵是 $[C]_X$。

（4）通过上述 EMA 实验，我们可以得到加速时间序列 $\{\ddot{X}\}$ 和激励力时间序列 $\{F\}_X$。其他两个信号不是直接被传感器采集，因为时间间隔足够小，所以将欧拉步进方法，可以从位移中的到速度和加速度。

$$\begin{cases} x_i(k+1)=\dot{x}_i(k)\cdot h+x_i(k) \\ \dot{x}_i(k+1)=\ddot{x}_i(k)\cdot h+\dot{x}_i(k) \end{cases} \tag{5-20}$$

其中 h 是采样时间间隔。

（5）质量矩阵计算。基于 LMS 数据采集仪采集的激励和响应时间序列数据采用 5.2 节提到的方法。实验设置有 30 个测点，因此有以下 30 个方程：

$$\begin{cases} f_{X1}=M_{X1}\ddot{x}_1+C_{X1,1}\dot{x}_1+C_{X1,2}\dot{x}_2+\cdots+C_{X1,30}\dot{x}_{30}+K_{X1,1}x_1+K_{X1,2}x_2+\cdots+K_{X1,30}x_{30} \\ f_{X2}=M_{X2}\ddot{x}_1+C_{X2,1}\dot{x}_1+C_{X2,2}\dot{x}_2+\cdots+C_{X2,30}\dot{x}_{30}+K_{X2,1}x_1+K_{X2,2}x_2+\cdots+K_{X2,30}x_{30} \\ \qquad\qquad\qquad\qquad\qquad\qquad\vdots \\ f_{X30}=M_{X30}\ddot{x}_1+C_{X30,1}\dot{x}_1+C_{X30,2}\dot{x}_2+\cdots+C_{X30,30}\dot{x}_{30}+K_{X30,1}x_1+K_{X30,2}x_2+\cdots+K_{X30,30}x_{30} \end{cases}$$

$$\tag{5-21}$$

在遗传规划程序中，输入位移矢量 $\{X\}$、速度矢量 $\{\dot{X}\}$、加速度矢量

$\{\ddot{X}\}$ 和外部激励力 $\{F\}_X$。然后，输出得到公式(5-21)等式中的每个系数，这些系数组成如下矩阵：

$$\begin{cases} \{M\}_X = \begin{pmatrix} M_{X1} & 0 & \cdots & 0 \\ 0 & M_{X2} & \cdots & 0 \\ \vdots & \vdots & \ddots & \vdots \\ 0 & 0 & \cdots & M_{X30} \end{pmatrix} \\ \{C\}_X = \begin{pmatrix} C_{X1,1} & \cdots & C_{X1,30} \\ \vdots & \ddots & \vdots \\ C_{X30,1} & \cdots & C_{X30,30} \end{pmatrix} \\ \{K\}_X = \begin{pmatrix} K_{X1,1} & \cdots & K_{X1,30} \\ \vdots & \ddots & \vdots \\ K_{X30,1} & \cdots & K_{X30,30} \end{pmatrix} \end{cases} \quad (5\text{-}22)$$

(6)最后，30 个测点的质量矩阵为：

$$\{M\}^{SR} = \begin{pmatrix} M_{X1} & 0 & \cdots & 0 \\ 0 & M_{X2} & \cdots & 0 \\ \vdots & \vdots & \ddots & \vdots \\ 0 & 0 & \cdots & M_{X30} \end{pmatrix} \quad (5\text{-}23)$$

在得到质量矩阵 $\{M\}^{SR}$ 之后，可以通过 EMA 计算得到对应的模态振型矩阵 $[\varphi]$。因此，30 个测点的模态质量分布矩阵是：

$$[\{m'\}] = [\varphi]^T \{M\}^{SR} [\varphi] \quad (5\text{-}24)$$

采用前面提出的基于遗传规划的符号回归方法，计算模态质量进而辨识芯片分拣臂系统的薄弱组件，得到芯片分拣臂、连接件、旋转轴的计算结果，如图 5-33 所示。

在芯片分拣臂结构中三个主要部件在第 1~4 阶表现出不同的薄弱特性，但整体显示出芯片分拣臂的柔性特性较为明显，说明芯片分拣臂部件的柔性特征较其余部件仍然占主导地位。芯片分拣臂结构本身是芯片分拣臂结构各环节中的振动响应薄弱环节，因此高频运行状态下的芯片分拣臂结构振动特性可以针对芯片分拣臂结构本身来分析。

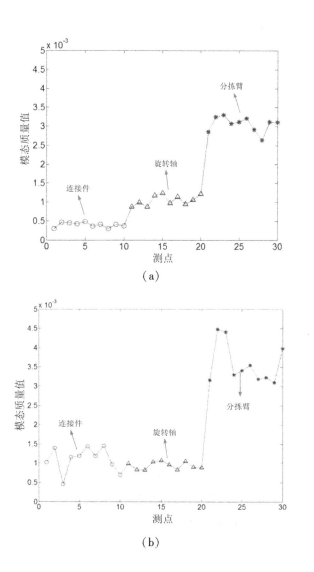

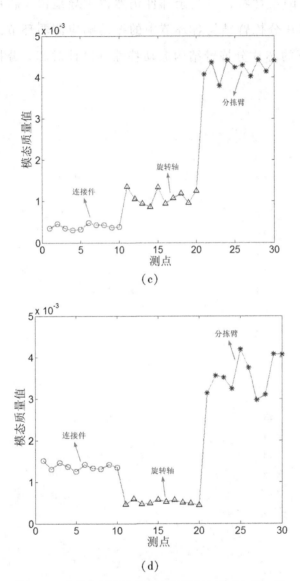

图 5-33 芯片分拣臂结构模态质量分布图 (a)第一阶
(b)第二阶 (c)第三阶 (d)第四阶

5.4 本章小结

本章以芯片高速分选机为实验平台，首先对芯片分选机的结构和工作运行方式进行了简单的介绍，并指出现在面临着定位精度不准、排列精度不高的问题。而芯片分拣臂的末端是拾取和放置芯片的终端，末端的振动将直接影响到终端芯片的定位精度。然后，通过在芯片分拣臂的末端和根部布置位移传感器，测得芯片分拣臂的末端和根部在运行过程中的振动信号，进而分析影响芯片拾取精度的振动的来源，有针对性的对芯片分拣臂系统振动特性进行研究。最后，本章提出一种基于遗传规划的符号回归方法，通过计算机械结构系统的质量矩阵来辨识出系统的薄弱组件。该方法在多自由度弹簧-阻尼系统上进行了有效的仿真验证，并将该方法用于芯片分拣臂结构上，辨识出芯片分拣臂系统的薄弱组件，相比于传统的回归算法得到的拟合函数更精确，为后面章节研究芯片分拣臂结构的动态特性奠定了基础。

第 6 章
基于粒子群优化的模态频率辨识方法

机械结构在运行过程中的动力学特性能够真实反映其运行状况，大量研究表明机械结构在静止状态和工作状态下的动力学特性存在很大的差异，不能将静态下获取的动态特性参数直接应用到分析工作状态中。但是传统的工作模态实验会产生很多数据，不同个体测量的数据以及不同批次测试的数据都会存在微小的差异，在选取模态参数的时候需要人工参与，如何从这些数据中准确辨识结构运行过程中的动力学特性参数是本章研究的重点。本章将工作模态分析方法和粒子群优化算法结合起来，基于多组实验数据结果，采用群体智能算法实现自动筛选和获取结构在运行下的模态参数，提升辨识结果的准确性。

6.1 基于粒子群算法的模态参数辨识方法

6.1.1 粒子群优化算法

Eberhart R 通过观察鸟群集体捕食使群体达到最优的猎食路径，于1995 年提出一种随机搜索算法，即粒子群优化算法(简称 PSO)[1]。构想如下情况，已知在捕猎区域内只有一只猎物，一群鸟在不知道猎物的具体位置情况下随机捕猎，首先搜索离猎物较近鸟的附近范围，然后鸟根据经验

---

[1] Kennedy J. Particle swarm optimization [J]. Encyclopedia of machine learning, 2010: 760-766.

做出对猎物方向的预判，以及当前的位置和猎物之间的距离。每个寻找唯一猎物的鸟都可以看出是一个粒子，全部粒子都在空间内进行搜索，通过一个适应度函数确定它们的适应值，判断当前位置的好坏。每个粒子都有自己的初始飞行参数(方向和距离)，飞行过程中参考其他粒子的飞行参数来调整自身的飞行参数。而后粒子们就随从当前的最优粒子在解空间中连续搜罗。公式(6-1)为粒子 i ($i=1$, 2, …, n)的第 d 维速度的更新公式，公式(6-2)为确定粒子 i 的第 d 维位置的更新公式，公式(6-2)为确定粒子 i 的第 d 维位置的更新公式，公式(6-3)为计算粒子目标函数值的公式。

$$v_{id}^{k} = \text{w}\, v_{id}^{k-1} + c_1 r_1 \left(P_{best\text{-}id} - x_{id}^{k-1} \right) + c_2 r_2 \left(G_{best\text{-}d} - x_{id}^{k-1} \right) \tag{6-1}$$

$$x_{id}^{k} = x_{id}^{k-1} + v_{id}^{k} \tag{6-2}$$

$$y_i^k = f(x_i^k) \tag{6-3}$$

其中，v_{id}^{k} 表示第 i 个粒子第 k 次在 d 维上的速度；x_{id}^{k} 表示第 i 个粒子第 k 次在 d 维上的位置；w 表示权重系数；c_1、c_2 表示粒子跟踪以前路径的比列系数；P_{id} 表示在维度 d 上粒子 i 最优路径的位置；P_{gd} 表示在维度 d 上全体粒子最优路径的位置；r_1、r_2 表示两个随机数，取值范围[0, 1]；y_i 表示粒子 i 的目标函数的值。粒子移动原理示意图如图 6-1 所示。

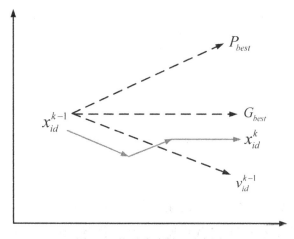

图 6-1　粒子移动原理示意图

　　PSO 方法有下面几个步骤：①对粒子群体随机分配速度和方向；②算出每个粒子的适应度最优路径，记为粒子最优路径 Pbest，找到其中的最优粒子的速度和方向，记为群体最优路径 Gbest；③根据整个群体的最优路径和粒子的最优路径，按照根据公式(6-1)和公式(6-2)更新粒子的速度和方向；④再次计算每个粒子的适应值，如果优于原来的粒子的最优路径或者群体的最优路径就将其替换原有的最优路径，并设置为新的最优路径；⑤重复第三、四步直到适应值达到误差要求即终止。图 6-2 为粒子群算法流程图：

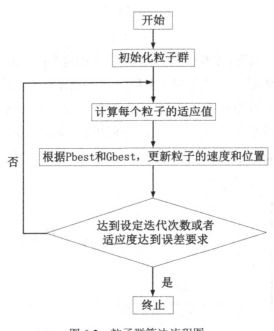

图 6-2　粒子群算法流程图

　　上面各参数中，群体收敛的速度会受到粒子的速度的影响，因此一般采用先快速后慢速的策略，先迅速收敛到最优路径附近，然后再逐渐迭代至最优路径，从而使得算法收敛到最优路径所用时间减少。在需要求解的目标函数已经获得的情况下，该目标函数就是优化的目标，未知数的数量和维数是相同的，当达到设定的迭代次数或者适应度达到误差要求时，目标函数的最优路径应该是该最优路径的位置在解空间中的坐标。

6.1.2 基于粒子群算法的实验应变模态分析方法

实验模态分析法是识别结构动力学特性参数的一种方法，比较容易操作，只需要选取合适的激励点和在适当位置布置加速度等传感器，但是需要对结构进行激励的同时测量输入激励力信号和输出响应信号，得到频率响应函数进而识别出结构的模态参数，频率响应函数如公式(6-4)所示。实验模态按照激励方式的不同，分为人工激励和激振器激励两种方式。但是，实验模态分析存在一定局限性，必须获得输入激励力信号，而且必须在静止状态下才能进行。由于在运行工况下，结构各部件相互运动导致结构的模态参数发生变化，必须实时在线的识别到响应信号，所以该方法只能辨识静态下的模态参数而无法应用在工作状况下。

$$H(\omega) = \sum_{r=1}^{N} \left(\frac{q_r \boldsymbol{\Psi}_r \boldsymbol{\varphi}_r^T}{j\omega - \lambda_r} + \frac{q_r^* \boldsymbol{\Psi}_r^* \boldsymbol{\varphi}_r^{*T}}{j\omega - \lambda_r^*} \right) \tag{6-4}$$

式中，$\boldsymbol{\Psi}_r$ 表示第 r 阶应变模态振型向量，$\boldsymbol{\varphi}_r$ 表示第 r 阶位移模态振型向量，λ_r 表示第 r 阶系统极点，q_r 表示第 r 阶模态向量比例换算因子。

6.1.3 基于粒子群算法的工作应变模态分析方法

工作模态分析方法(OMA)是通过测量系统在工况下的响应来辨识其工作模态参数的方法。OMA 相对于实验模态分析方法具有较大的优势，但是其本身也存在一定的弊端。例如，进行 OMA 的前提是要求激励为白噪声，我们知道白噪声存在随机性又比较难以实现。此外，OMA 单纯依据响应信号辨识参数，无法获取频率响应函数或者传递函数。通常采用自功率谱密度函数代替传递函数进行分析，公式(6-5)所示为响应的自功率谱密度函数：

$$G_{yy}(\omega) = H(\omega) G_{xx}(\omega) H(\omega)^H \tag{6-5}$$

式中，$H(\omega)$ 表示频率响应函数，$G_{xx}(\omega)$ 表示输入的自功率谱密度函数，$G_{yy}(\omega)$ 表示响应的自功率谱密度函数，^{H} 表示复共轭转置运算。我们知道白噪声的自功率谱密度为常数，当系统输入白噪声信号时，响应的自功率谱密度函数的表达式如公式(6-6)所示：

$$G_{yy}(\omega) = H(\omega) \, CH(\omega)^{H} = G_{yy}^{+}(\omega) + (G_{yy}^{+}(\omega))^{H} \tag{6-6}$$

$$G_{yy}(\omega) = \sum_{r=1}^{N} \left(\frac{a_r \boldsymbol{\Psi}_r \boldsymbol{\varphi}_r^{H}}{j\omega - \lambda_r} + \frac{a_r^{*} \boldsymbol{\Psi}_r^{*} \boldsymbol{\varphi}_r^{*H}}{j\omega - \lambda_r^{*}} + \frac{b_r \boldsymbol{\Psi}_r \boldsymbol{\varphi}_r^{H}}{-j\omega - \lambda_r} + \frac{b_r^{*} \boldsymbol{\Psi}_r^{*} \boldsymbol{\varphi}_r^{*H}}{-j\omega - \lambda_r^{*}} \right) \tag{6-7}$$

$$G_{yy}^{+}(\omega) = \sum_{r=1}^{N} \left(\frac{a_r \boldsymbol{\Psi}_r \boldsymbol{\varphi}_r^{H}}{j\omega - \lambda_r} + \frac{a_r^{*} \boldsymbol{\Psi}_r^{*} \boldsymbol{\varphi}_r^{*H}}{j\omega - \lambda_r^{*}} \right) \tag{6-8}$$

其中，C 为常数，$G_{yy}(\omega)$ 表示自功率谱密度函数，$G_{yy}^{+}(\omega)$ 表示响应的半自功率谱密度函数。对比公式(6-4)和公式(6-8)可以发现，二者结构相同，区别只在于比例因子的不同。因此，在分析结构模态时，$H(\omega)$ 可以用 $G_{yy}^{+}(\omega)$ 替代。为了利用 PSO 算法快速准确的识别出结构的模态参数，将 PSO 生成的频率响应函数与实测频率响应函数的差值为目标函数，如公式(6-9)：

$$y = H_p(\omega) - H_0(\omega) \tag{6-9}$$

其中，$H_0(\omega)$ 表示实测频率响应函数，$H_p(\omega)$ 是 PSO 生成的频率响应函数，由未知数组成。当 PSO 算法找到公式(6-9)的最小值，意味着生成的频率响应函数与实测频率响应函数十分贴近，所以生成的频率响应函数中的未知数即为结构的模态参数。

从公式(6-4)可以看出频率响应函数由很多参数构成，但算法随着解空间维数的增大，计算多未知数变得难度很大，计算出的最优路径也会变得不准确。通常的实验中大多是分析一个测点的响应信号，所以频率响应函数由公式(6-4)简化为单点的公式(6-10)：

$$H(\omega) = \sum_{i=1}^{n} \frac{\boldsymbol{\Psi}_i \, \boldsymbol{\varphi}_i^{T}}{k_i - \omega^2 m_i + j\omega \, c_i} \tag{6-10}$$

其中，k_i 表示模态刚度，m_i 表示模态质量，φ_i 表示位移主振型，$\boldsymbol{\Psi}_i$ 表示应变主振型，c_i 表示阻尼比($i = 1, 2, \cdots, n$)，这五个未知数共同构成每一阶模态的频率响应函数。我们知道振型是一个矩阵，当实验采用单输入单输出得到模态振型将是一个数，那么公式(6-10)变为公式(6-11)，因此频率响应函数包含 4 个未知数。

$$H(\omega) = \sum_{i=1}^{n} \frac{\alpha_i}{k_i - \omega^2 m_i + j\omega c_i} \tag{6-11}$$

式中，$\alpha_i(i=1, 2, \cdots, n)$ 表示振型矩阵中一个点在各阶的取值。公式 (6-11) 采用的是黏性阻尼模型，很多结构适合结构阻尼模型，而黏性阻尼系数 c 与结构阻尼比 η 存在 $c=\dfrac{k\eta}{\omega}$ 的关系，因此结构阻尼模型的频响函数为：

$$H(\omega) = \sum_{i=1}^{n} \frac{\alpha_i}{k_i - \omega^2 m_i + j k_i \eta_i} \tag{6-12}$$

根据模态理论可知，函数包含的未知数越多，求解的模态阶数越多，粒子群优化算法计算的结果精度越低，因此有必要缩减未知数的个数，提高结果的准确性，所以需要对目标函数进行优化。

芯片分拣臂系统主要是由金属件组成，具有良好的润滑，因此其阻尼比较小，此时可以用无阻尼固有频率代替有阻尼固有频率，将无阻尼固有频率 $\omega_0 = \sqrt{\dfrac{k}{m}}$ 代入公式 (6-12)，同时令振型比刚度的系数 $A_i = \dfrac{\alpha_i}{k_i}$ 可得：

$$h(\omega) = \sum_{i=1}^{n} A_i \cdot \frac{1}{1 - \left(\dfrac{\omega}{\omega_{0i}}\right)^2 + j\eta_i} \tag{6-13}$$

经过简化，目标函数缩减为 3 个未知数 $(A_i, \omega_{0i}, \eta_i)$，如下：

$$y = \sum_{i=1}^{n} A_i \cdot \frac{1}{1 - \left(\dfrac{\omega}{\omega_{0i}}\right)^2 + j\eta_i} - H_0(\omega) \tag{6-14}$$

6.2　基于粒子群算法辨识方法的仿真验证

第 6.1 节从实验模态分析方法和工作模态分析方法两个方面介绍了基于粒子群算法的模态参数识别方法。本节基于前面的理论和推导的公式，对 PSO 辨识算法的有效性进行仿真验证。

首先，将目标函数设定一些简单和复杂的传递函数。然后，将两种不同的噪声信号作为传递函数的输入数据，分别得到输出数据。最后，计算传递函数通过将输入和输出数据作为粒子群算法的输入。公式(6-15)为设计的包含 9 个未知数的目标函数，算法的迭代次数设置为 3000 次，辨识结果如表 6-1 和表 6-2。

$$f(x)=\frac{x_6 \cdot s^3+x_7 \cdot s^2+x_8 \cdot s+x_9}{x_1 \cdot s^4+x_2 \cdot s^3+x_3 \cdot s^2+x_4 \cdot s+x_5}-H(s) \tag{6-15}$$

表 6-1　白噪声输入下的仿真结果

传递函数 $H(s)$	白噪声输入
$\dfrac{s}{s+2}$	$\dfrac{s}{s+2}$
$\dfrac{1}{4s+5}$	$\dfrac{1}{4s+5}$
$\dfrac{1}{2s^2+4s+7}$	$\dfrac{1.41}{3.21s^2+5.87s+4.3}$
$\dfrac{2s+3}{3s^2+5s+4}$	$\dfrac{3.64s+4.97}{5.21s^2+7.89s+6.85}$
$\dfrac{5}{3s^3+2s^2+4s+6}$	$\dfrac{2.24}{1.29s^3+0.96s^2+1.79s+2.81}$
$\dfrac{4s+3}{4s^3+5s^2+7s+6}$	$\dfrac{8.97s+6.78}{8.83s^3+11.27s^2+15.78s+13.85}$
$\dfrac{7s^2+11s+5}{4s^3+9s^2+8s+10}$	$\dfrac{-3.01s^2+7.42s+0.97}{-2.23+3.81s^2+3.10s+4.47}$
$\dfrac{20}{6 \cdot s^4+5s^3+13s^2+32s+20}$	$\dfrac{5.46}{1.84 \cdot s^4+1.62s^3+3.97s^2+9.83s+5.72}$
$\dfrac{32s+20}{6 \cdot s^4+5s^3+13s^2+32s+20}$	$\dfrac{-3.22s+4.28}{5.81 \cdot s^4+13.74s^3-17.10s^2+17.58s-1.08}$
$\dfrac{22s^2+13s+12}{12 \cdot s^4+7s^3+15s^2+13s+7}$	$\dfrac{-12.55s^2-2.38s+3.7}{6.72 \cdot s^4+3.19s^3-0.96s^2-3.69s+0.61}$
$\dfrac{24s^3+15s^2+17s+23}{21 \cdot s^4+15s^3+28s^2+16s+19}$	$\dfrac{4.13s^3-2.25s^2+7.34s+14.21}{1.61 \cdot s^4+5.14s^3+1.19s^2+7.45s-6.84}$

表 6-2　有色噪声输入下的仿真结果

传递函数 $G(s)$	有色噪声输入
$\dfrac{s}{s+2}$	$\dfrac{s}{s+2}$
$\dfrac{1}{4s+5}$	$\dfrac{1}{4s+5}$
$\dfrac{1}{2s^2+4s+7}$	$\dfrac{1}{2s^2+4s+7}$
$\dfrac{2s+3}{3s^2+5s+4}$	$\dfrac{1.24s+1.89}{1.87s^2+3.25s+2.54}$
$\dfrac{5}{3s^3+2s^2+4s+6}$	$\dfrac{8.77}{5.36s^3+3.58s^2+6.87s+1.23}$
$\dfrac{4s+3}{4s^3+5s^2+7s+6}$	$\dfrac{10.84s+8.12}{10.59s^3+13.74s^2+18.10s+16.33}$
$\dfrac{7s^2+11s+5}{4s^3+9s^2+8s+10}$	$\dfrac{2.13s^2-3.61s+5.86}{2.11s^3+2.35s^2+3.34s+4.05}$
$\dfrac{20}{6\cdot s^4+5s^3+13s^2+32s+20}$	$\dfrac{11.45}{3.81\cdot s^4+2.94s^3+7.12s^2+18.57s+10.99}$
$\dfrac{32s+20}{6\cdot s^4+5s^3+13s^2+32s+20}$	$\dfrac{6.34s+2.87}{8.87\cdot s^4-15.3s^3+2.73s^2+9.27s+23.64}$
$\dfrac{22s^2+13s+12}{12\cdot s^4+7s^3+15s^2+13s+7}$	$\dfrac{-0.01s^2+7.58s+6.31}{6.30\cdot s^4-4.54s^3+19.20s^2+4.89s+7.51}$
$\dfrac{24s^3+15s^2+17s+23}{21\cdot s^4+15s^3+28s^2+16s+19}$	$\dfrac{10.77s^3-4.78s^2-10.23s+11.51}{-2.12\cdot s^4+12.98s^3+2.07s^2+8.93s+6.33}$

从表 6-1 和表 6-2 可以看出，当设定的 $H(s)$ 的表达式的未知数的数量小于 6 时，且分母阶数和分子阶数的值小于 4 时，PSO 算法仿真结果比较好，计算出来的参数的误差很小，但是当未知数数量大于 6，且分母阶数和分子阶数的值大于 4 时，PSO 仿真结果变差，识别精度明显下降很多，结果的系数出现了离奇的负数，计算出的数据没有意义。综上所述，PSO 算法可以计算的未知数个数有局限性，因为随着未知数增多，解空间的维数也增多，最优路径更不容易被搜索到。因此，解空间维数对 PSO 算法的

影响最大，未知数的个数是 PSO 算法在实际应用中需要考虑的首要问题。

6.3　基于粒子群算法的芯片分拣臂运行状态下的模态参数辨识

芯片分拣臂应变计布置图如图 6-3 所示，在芯片分拣臂上布置 6 个应变传感器分别测量在低速状态(运行频率 5Hz)下各个点的响应输出，测量运行过程中芯片分拣臂的应变振动响应信号后，利用粒子群算法自动识别出各阶模态参数。

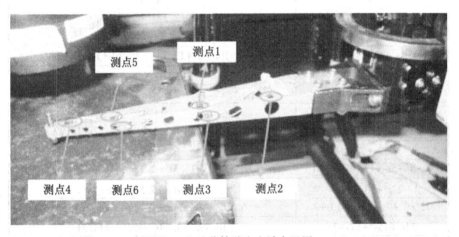

图 6-3　芯片分拣臂应变计布置图

为了保证测得结果的准确性，选取芯片分拣臂的上表面测点 1 和测点 2 的数据进行分析，测点 1 和测点 2 主要获取芯片分拣臂在拾取和放置芯片过程中的应变信号，经频谱分析得到测点 1 和测点 2 的响应信号频谱图，如图 6-4 所示。

在分析实测分拣臂运行状态下应变响应数据时，采用公式(6-12)作为目标函数。每组数据通过 PSO 算法进行五次计算取平均值作为最终结果，将 PSO 算法自动辨识出的模态频率和 LMS 计算软件计算的模态频率列在表6-3中。图6-5和图6-6分别为测点1和测点2的分析结果图，分为低频段(0~500Hz)和高频段(500~2000Hz)两个区间，图中多条曲线表示多次计算出的自功率谱密度函数，虚线表示PSO算法自动辨识出的固有频率。

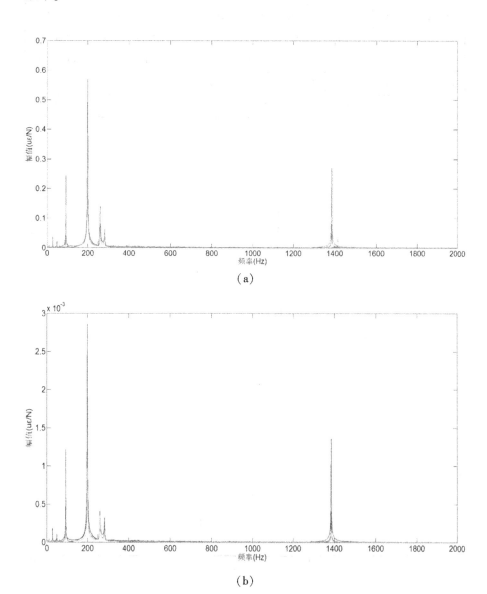

图6-4 (a)测点1的频谱图 (b)测点2的频谱图

表 6-3　固有频率的计算结果

频率(Hz)		低频段						高频段
		第一阶	第二阶	第三阶	第四阶	第五阶	第六阶	第七阶
测点 1	LMS	27.10	48.97	97.36	196.72	258.67	271.78	1354.19
	PSO	27.45	49.76	98.15	197.58	261.43	279.53	1386.82
	误差	1.2%	1.6%	0.5%	0.4%	1.2%	3.0%	2.4%
测点 2	LMS	26.88	49.58	97.18	195.34	257.74	272.62	1362.29
	PSO	27.31	50.47	98.56	197.75	260.87	278.68	1385.13
	误差	1.8%	2.1%	1.4%	1.2%	1.1%	2.1%	1.7%

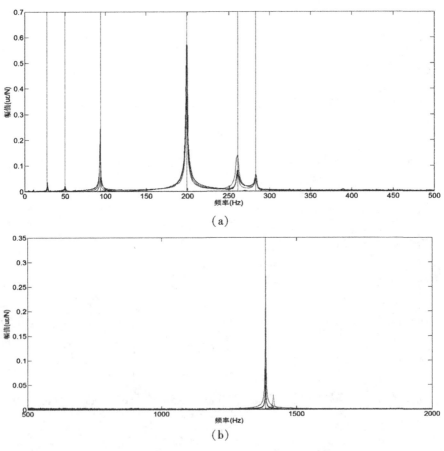

（a）

（b）

图 6-5　测点 1 的分析结果(a)低频段　(b)高频段

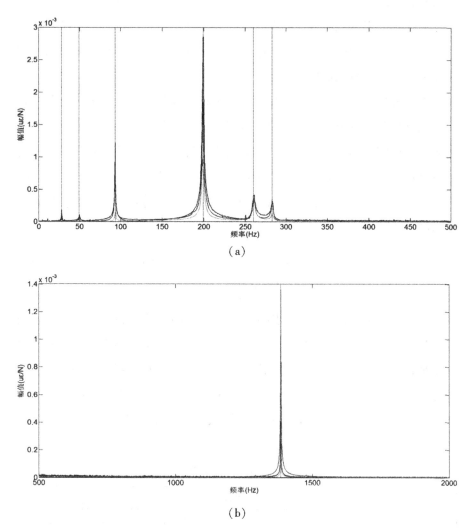

图 6-6 测点 2 的分析结果(a)低频段 (b)高频段

对比 2 个测点的 LMS 分析结果，发现 PSO 算法辨识的模态频率有很高的准确率，误差均在 3%以内，对于幅值高的模态辨识准确率大于幅值低的模态，由此看出 PSO 受噪声的影响很大，导致将低幅值的模态辨识为噪声容易丢失部分模态。我们可以得到以下结论：①PSO 算法能够计算出芯片分拣臂 7 阶模态，对于辨识芯片分拣臂在运行状态下的模态参数是可行的，减小了人工选取所带来的误差，提高了结果数据的准确性；②PSO 算法对干扰信号尤为敏感，辨识高幅值的模态准确率高，辨识低幅值的模态准确率低，容易忽视低幅值模态。

　　芯片分拣臂结构在运行过程中会产生过程阻尼，与静态下芯片分拣臂结构的结构阻尼有很大差异，因此本节通过分析芯片分拣臂结构在运行下的自功率谱密度函数图，计算得到阻尼比。将计算的 7 阶固有频率代入公式(6-14)得到公式(6-16)，目标函数未知数个数由 3 个变为 2 个（A_i，η_i，$i=1\sim7$），对于小阻尼系统，计算出来的结构阻尼比η_i的一半即为黏性阻尼系数c_i。

$$y = \sum_{i=1}^{7} A_i \cdot \cfrac{1}{1 - \left(\cfrac{\omega}{\omega_{0i}}\right)^2 + 2j\,c_i} - H_0(\omega) \qquad (6\text{-}16)$$

　　观察表 6-3 和表 6-4，发现阻尼比计算的相对误差比固有频率大，高频段阻尼比误差大于低频段阻尼比误差。由于实测数据的噪声影响下使得曲线不平整；由于 LMS 分析计算的固有频率值和通过粒子群筛选的固有频率值存在细微差别；由于粒子群优化算法的曲线拟合能力有限，阻尼比对曲线的影响更小，在这些多重因素共同作用，影响了阻尼比的计算精度。

表 6-4　阻尼比计算结果

		低频段						高频段
		第一阶	第二阶	第三阶	第四阶	第五阶	第六阶	第七阶
测点 1	LMS	0.91%	0.57%	1.09 %	0.63%	0.77%	0.79%	1.67%
	PSO	0.84%	0.69%	0.78%	0.76%	0.79%	0.88%	1.02%
	误差	7.7%	21.1%	28.4%	17.1%	2.6%	11.4%	38.9%
测点 2	LMS	0.70%	0.91%	0.82%	0.93%	1.12%	0.73%	0.85%
	PSO	0.59%	0.72%	0.69%	0.76%	0.87%	0.97%	1.14%
	误差	15.7%	20.9%	15.8%	18.3%	22.3%	24.7%	34.2%

6.4 本章小结

在进行模态试验过程中会产生大量的实验数据，不同个体测量的数据以及不同批次测试的数据都会存在微小的差异，同时，在选取模态参数的过程通常需要人工参与，在这些因素共同影响下，实验结果必然会存在误差。为了从这些数据中准确辨识结构运行过程中的动力学特性参数，本章采用改进的粒子群优化算法应用到分析工作模态实验数据中，快速准确的自动筛选机构在运行过程中的模态参数。首先，将该方法应用到简单的传递函数中，测试算法的可靠性。然后，对频率响应函数公式进行了简化，根据简化后的函数对目标函数进行了重新设计，这样做的目的是为了让算法能够用应用在复杂的数据分析中。最后，基于多组芯片分拣臂运行状态下实测数据，采用群体智能算法实现自动筛选和获取芯片分拣臂运行状态下的模态参数，提升辨识结果的准确性。

第7章
高频往复运行下的芯片分拣臂结构
振动特性分析

由上一章分析结果可知，高频往复运动状态下芯片分拣臂机构的动力学特性复杂，其振动特性无法通过仿真分析的方法获得，因此需要利用实验的分析方法来研究芯片分拣臂机构的振动特性。目前，研究振动特性的主要实验手段是在被测结构上安装振动传感器，利用振动传感器来采集被测结构的振动响应，并从振动响应信号中分析结构的振动特性。然而，对于高频往复芯片分拣臂机构而言，振动传感器的附加质量会显著改变被测结构的动力学特性，导致分析结果存在较大误差。因此，针对该问题本章提出利用应变测试仪进行结构振动的在线测量方法，该方法通过测量芯片分拣臂结构振动过程中的应变来间接获取振动响应，进而分析进行运行状态下的芯片分拣臂整体结构的振动特性。由于测量应变的应变片质量小，该方法可以克服常规振动传感器附加质量过大的问题。

芯片分拣臂机构高频往复运行下，芯片分拣臂结构各部件实际动力学边界条件与静止状态下边界条件存在较大差别：首先，芯片分拣臂运行过程中所产生的惯性冲击能量和频带取决于实际运动状态，因此芯片分拣臂结构的振动特征与实际运动状态密切相关；其次，在高频往复的分选芯片运动过程中，芯片分拣臂的位置会发生变化，进而导致芯片分拣臂机构的结构形式发生变化，同时高频往复运行过程中各个阶段加减速大小也不一致，这些因素使得芯片分拣臂结构振动更为复杂。因此，必须在实际运行条件下对芯片分拣臂机构进行振动特性分析。目前，分析结构的振动特性的方法主要是实验模态分析方法，然而常规的实验模态分析方法只能在静止状态下研究芯片分拣臂结构的动力学特性，无法分析运动状态下的动力学特性。为进行高频往复运行过程中芯片分拣臂结构的振动特性分析，本章通过应变响应信号分析芯片分拣臂结构运行和静止状态下结构的振动特征，同时针对高频往复运行状态下芯片分拣臂的多阶高低频响应特点，给出芯片分拣臂机构运行过程中芯片分拣臂结构振动的位置相关和运行参数相关的特性。

7.1　芯片分拣臂结构测点的优化布置

7.1.1　测点布置原则

为建立基于应变响应的结构振动特性分析方法，本部分在传统的实验模态分析方法基础上，建立振动的应变特征与高频往复芯片分拣臂结构模态参数之间的函数关系。通过二者之间的函数关系建立基于应变响应的结构振动特性分析方法。

上一章节中，通过数学推导建立了基于位移振动响应的模态表达与基于应变振动响应的模态表达之间的对应关系。通过对比可知，应变振动响应对应的各阶模态的固有频率与位移振动响应对应的固有频率一致，应变振动响应对应的各阶模态的阻尼比与位移振动响应对应的阻尼比一致。本小节通过对结构动力学特性进行仿真分析，给出应变振动响应模态分析的振型与位移振动响应模态分析的振型之间的对应关系，为应变振动测试的测点布置提供理论依据。

为进行振型的对比分析，本小节首先针对简单的悬臂梁结构进行分析。图 7-1 为悬臂梁仿真示意图，其中图 7-1(a)为悬臂梁示意图，图 7-1(b)为对应的悬臂梁结构有限元模型。图中，悬臂梁长度为 200mm，宽度为 15mm，厚度为 8mm，材料选为铝材质，其弹性模量为 17GPa，泊松比为 0.42，密度为 2700kg/m³。然后对结构进行仿真分析，分别获得结构的位移振动响应模态振型与应变响应模态振型，研究位移模态振型与应变响应模态振型之间的关系，并在此基础上给出应变响应测点布置基本原则。

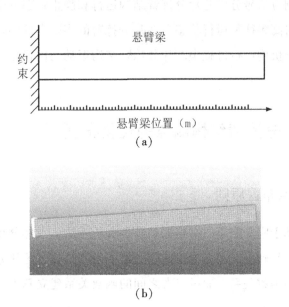

(a)

(b)

图 7-1　悬臂梁仿真示意图 (a)悬臂梁结构示意图　(b)悬臂梁有限元模型

　　首先利用有限元对悬臂梁结构进行仿真。图 7-2 为通过仿真所获得的第一阶模态振型向量随位置变化的分布曲线，其中图 7-2(a)表示振动位移所对应的振型向量随位置变化的分布曲线，图中横坐标表示悬臂梁上的不同位置，纵坐标表示悬臂梁不同位置对应的振型分量值；图 7-2(b)表示应变响应所对应的振型向量随位置变化的分布曲线，图中横坐标表示悬臂梁上的不同位置，纵坐标表示悬臂梁不同位置对应的振型分量绝对值。由图 7-2(a)可以发现，随着位置的增加曲线斜率逐渐减小，振型变化率越来越小。由图 7-2(b)可以发现，随着位置的增加，应变振型向量的绝对值越来越小，由振动引起的应变越来越小。

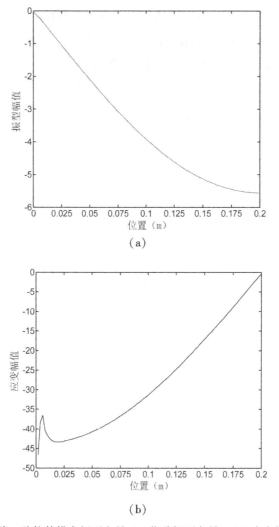

（a）

（b）

图 7-2　第一阶拉伸模态振型向量（a）位移振型向量　（b）应变振型向量

　　图 7-3 为通过仿真获得的第二阶模态振型向量，其中图 7-3（a）表示振动位移所对应的振型向量随位置变化的分布曲线，图 7-3（b）表示应变响应所对应的振型向量随位置变化的分布曲线。由图 7-3（a）可知，悬臂梁从位置 0~75mm 阶段，随着位置的增加，曲线斜率越来越小，振型分量变化

越来越小；悬臂梁从位置 75mm～130mm 范围阶段，曲线斜率越来越大，振型分量变化越来越大；悬臂梁从位置 130mm～200mm 范围阶段，曲线斜率越来越小，振型分量变化越来越小。由图 7-3（b）可知，悬臂梁从位置 0～75mm，应变振型分量的绝对值越来越小；悬臂梁从位置 75mm～130mm，应变振型分量的绝对值越来越大；悬臂梁从位置 130mm～200mm，应变振型分量的绝对值越来越小。

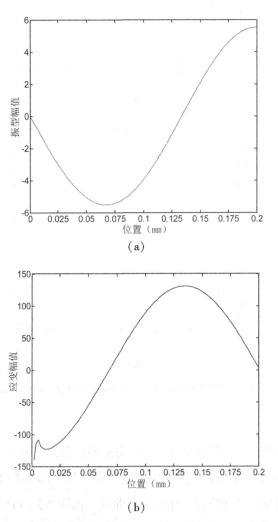

（a）

（b）

图 7-3　第二阶拉伸模态振型向量（a）位移振型向量　（b）应变振型向量

图 7-4 为通过有限元仿真所获得的第三阶拉伸模态振型向量，其中图 7-4（a）表示振动位移所对应的振型向量随位置变化的分布曲线，图 7-4（b）表示应变响应所对应的振型向量随位置变化的分布曲线。由图 7-4（a）可知，悬臂梁从位置 0~40mm 阶段，随着位置的增加，曲线斜率越来越小，振型分量变化越来越小；悬臂梁从位置 40~80mm 阶段，随着位置的增加，曲线斜率越来越大，振型分量变化越来越大；悬臂梁从位置 80~120mm 阶段，随着位置的增加，曲线斜率越来越小，振型分量变化越来越小；悬臂梁从位置 120~160mm 阶段，随着位置的增加，曲线斜率越来越大，振型分量变化越来越大；悬臂梁从位置 160~200mm 阶段，随着位置的增加，曲线斜率越来越小，振型分量变化越来越小。由图 7-4（b）可知，悬臂梁从位置 0~40mm，应变振型分量的绝对值越来越小；从悬臂梁从位置 40mm~80mm，应变振型分量的绝对值越来越大；悬臂梁从位置 80mm~120mm，应变振型分量的绝对值越来越小；悬臂梁从位置 120mm~160mm，应变振型分量的绝对值越来越大；悬臂梁从位置 160mm~200mm，应变振型分量的绝对值越来越大。

图 7-5 为通过有限元仿真所获得的第四阶拉伸模态振型向量，其中图 7-5（a）表示振动位移所对应的振型向量随位置变化的分布曲线，图 7-5（b）表示应变响应所对应的振型向量随位置变化的分布曲线。由图 7-5（a）可知，悬臂梁从位置 0~28mm 阶段，随着位置的增加，曲线斜率越来越小，振型分量变化越来越小；悬臂梁从位置 28~56mm 阶段，随着位置的增加，曲线斜率越来越大，振型分量变化越来越大；悬臂梁从位置 56~84mm 阶段，随着位置的增加，曲线斜率越来越小，振型分量变化越来越小；悬臂梁从位置 84~112mm 阶段，随着位置的增加，曲线斜率越来越大，振型分量变化越来越大；悬臂梁从位置 112~140mm 阶段，随着位置的增加，曲线斜率越来越小，振型分量变化越来越小；悬臂梁从位置 140~168mm 阶段，随着位置的增加，曲线斜率越来越大，振型分量变化越来越大；悬臂梁从位置 168~200mm 阶段，随着位置的增加，曲线斜率越

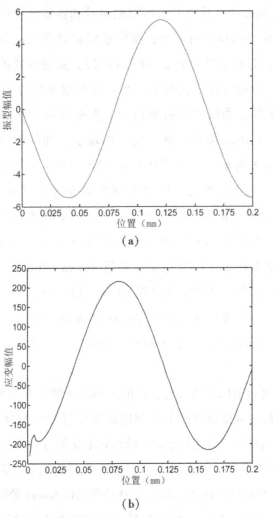

（a）

（b）

图 7-4 第三阶拉伸模态振型向量 （a）位移振型向量 （b）应变振型向量

来越小，振型分量变化越来越小。由图 7-5（b）可知，悬臂梁从位置 0~
28mm，应变振型分量的绝对值越来越小；从悬臂梁从位置 28mm~
56mm，应变振型分量的绝对值越来越大；悬臂梁从位置 56mm~84mm，
应变振型分量的绝对值越来越小；悬臂梁从位置 84mm~112mm，应变振

型分量的绝对值越来越大；悬臂梁从位置 112mm～140mm，应变振型分量的绝对值越来越小；悬臂梁从位置 140mm～168mm，应变振型分量的绝对值越来越大；悬臂梁从位置 168mm～200mm，应变振型分量的绝对值越来越小。

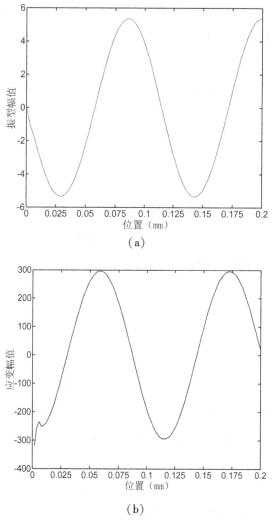

（a）

（b）

图 7-5　第四阶拉伸模态振型向量（a)位移振型向量　(b)应变振型向量

由以上分析对比可知，应变振动响应的大小与振动位移大小无关，而与位移振动响应的变化率有关：位移振动变化率越大，应变振动响应越大。因此应变片应该布置在位移振型变化率最大的位置。

如图 7-6 所示，应变片的主要结构分为：塑料薄膜基底，该基底厚度约 $15\mu m$；塑料薄膜基底上方覆盖一层由薄金属箔材制成的敏感栅，该敏感删厚度约 $4\mu m$；在敏感栅的上方再覆盖上一层薄膜制作成迭层构造。当应变片贴在被测结构上时，应变片会随着被测结构的应变一起伸缩，应变片敏感栅电阻发生变化，因此通过电阻的变化可以测量结构的应变，因此应变片的布置方向应该与振动过程中结构的拉伸和压缩方向一致。

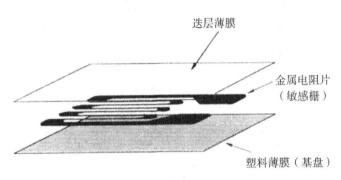

图 7-6　应变片的构造

综上分析可知，应变响应测点布置的一般原则为：

（1）振动位移的变化率越大，振动应变响应越大，因此应变片应该布置在位移振型变化率较大的位置，此时应变片测量信号的信噪比较高；

（2）应变片的布置位置应该避开振型节点，由于该位置处应变变化率为零，应变片无法测量振动过程中的应变响应；

（3）应变片的布置方向应该与结构的拉伸与压缩方向一致。

7.1.2 测点的优化布置

本节主要利用有限元仿真所获得的模态振型对芯片分拣臂结构的应变响应测点进行优化，给出应变测点的最佳位置。

基于应变响应的振动分析方法首先需要在被测结构上合理地布置应变片，通过结构振动状态下的应变响应信号进行振动分析。根据 7.1.1 小节分析结果可知，在进行应变振动测试时，应变片应该布置在模态振型变化率均最大的位置。此时，应变片对应的应变越大，其应变电流信号越大，测量信号的信噪比越高。图 7-7 为 LED 芯片分选机芯片分拣臂前四阶振型仿真结果，其中图(a)为第一阶模态振型，图(b)为第二阶模态振型，图(c)为第三阶模态振型，图(d)为第四阶模态振型。对于第一阶模态与第二阶模态，其振型为弯曲振动，芯片分拣臂沿长轴方向发生应变，考虑应变片的测量方向，应变片应该沿芯片分拣臂长轴方向布置。同时，由于区域#1 振型幅值变化率与区域#2 振型幅值变化率相对较大，因此对于第一阶模态与第二阶模态应变片应该贴在区域#1 与区域#2。对于第三阶扭转模态，在该阶模态振型作用下，芯片分拣臂两侧沿长轴方向被拉伸，根据弹性力学相关理论，芯片分拣臂此时沿横向方向被压缩，因此扭转模态不仅出现沿长轴方向的拉应力，还出现垂直于长轴方向上的横向压应力。为测量该阶模态的应变响应，在图(c)所示的区域布置两个应变片，一个应变片贴在芯片分拣臂上表面，应变片垂直于芯片分拣臂长轴方向，用于测量扭转振动所对应的压应力，垂直于芯片分拣臂长轴方向分别测量扭转振型所对应的拉应力与压应力。为充分测量芯片分拣臂扭转振动过程中的压应力，作为补充在图(d)所示区域布置响应的应变片，该应变片垂直于芯片分拣臂长轴方向，用于测量扭转振动所对应的压应力。实验过程中，数据采集系统使用如图 7-8 所示的东华 DH5902 动态信号采集分析系统，采样频率为 20kHz，芯片分拣臂结构的应变片测量位置如图 7-9 所示。

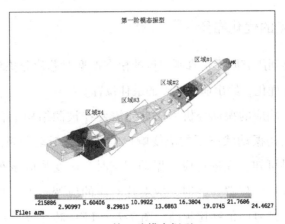

（a）第一阶模态振型

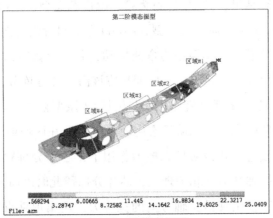

（b）第二阶模态振型

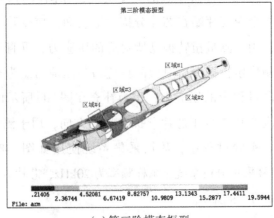

（c）第三阶模态振型

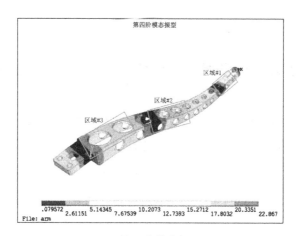

(d)第四阶模态振型

图 7-7 LED 芯片分选机芯片分拣臂振型仿真结果

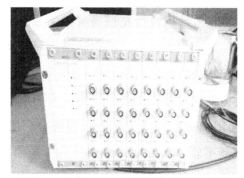

图 7-8 东华 DH5902 动态信号采集系统

图 7-9 应变片布置示意图

7.2　应变响应振动特性分析方法有效性实验验证

本节主要利用应变模态分析方法辨识芯片分拣臂结构的模态参数。作为对比实验，分别利用非接触式激光测振仪以及传统的加速度传感器测量芯片分拣臂结构的模态参数。最后，利用应变响应振动特性分析方法初步地对动态下的芯片分拣臂结构进行模态分析，辨识工作状态下的芯片分拣臂结构的模态参数。

7.2.1　静态下芯片分拣臂结构振动响应的实验分析

静态芯片分拣臂结构的振动响应分别采用常规的加速度传感器测量方法、应变响应的测量方法以及激光扫描测振仪方法。首先在芯片分拣臂机构处于静止状态下利用力锤对其进行激励，同时利用加速度位移传感器测量芯片分拣臂结构的振动响应。图 7-10 为采用常规加速度传感器的芯片分拣臂结构振动响应频谱，其中横坐标为频率，纵坐标为加速度幅值。图 7-11 为利用加速度振动信号进行模态分析所获得的频率稳态图，图中横坐标为频率轴，纵坐标为模态分析所采用的数学模型阶数，图中" * "表示数学模型计算出的极点，曲线为机床结构立柱位置的实测功率谱。通常情况下结构的物理模态不会随计算模型的阶数变化而变化，而噪声模态引起的伪模态具有一定的随机性，它会随算法阶数的变化而随机改变。因此，如果各阶模态模型均能计算出某个模态参数，并在稳定图中形成清晰的聚类，则说明对应的模态参数为被测结构的真实模态，否则为虚假模态。对比稳态图中的极点可以发现，芯片分拣臂静止状态下第一阶模态为 152Hz，第二阶模态为 414Hz，第三阶模态为 689Hz，第五阶模态为 917Hz。

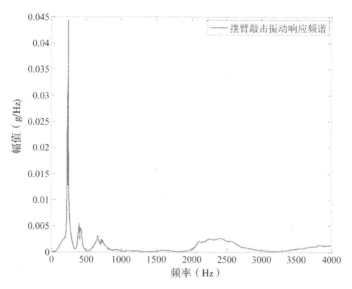

图 7-10 加速度振动信号频谱

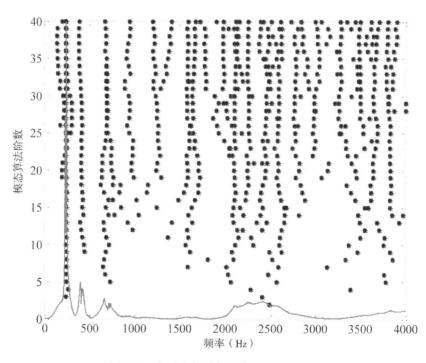

图 7-11 加速度振动信号模态分析稳态图

图 7-12 为敲击状态下，利用应变片采集的振动信号，由该图可知通道 2 的应变响应幅值要大于通道 4 的应变响应幅值，因此通道 2 的信噪比要高于通道 4 的信噪比。图 7-13 为单次敲击下，芯片分拣臂结构的应变响应，由该图可知振动响应的整体衰减时间为 0.07s。图 7-14 为单次敲击下芯片分拣臂结构应变响应的功率谱密度函数，图 7-15 为基于应变响应信号获得的模态分析稳态图。由稳态图 7-15 可知，芯片分拣臂静止状态下第一阶模态为 176Hz，第二阶模态为 426Hz，第四阶模态为 723Hz，第五阶模态为 1019Hz。对比表 7-1 中静态敲击下加速度传感器分析结果与应变片分析结果，其中加速度传感器测量出的固有频率要小于应变片测量出的固有频率。这是由于芯片分拣臂结构质量较轻，其长度为 275mm，质量为 18g，而加速度传感器本身的质量大于 5g，传感器对芯片分拣臂会产生质量附加效应，使固有频率的被测结果比实测结果偏小。

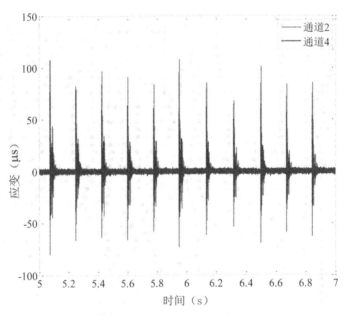

图 7-12　静态敲击下分拣臂应变响应时域信号

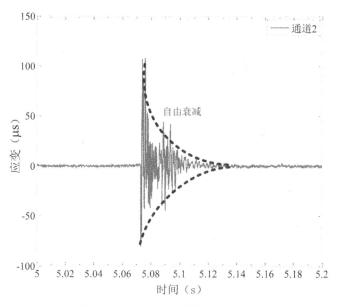

图 7-13　单次敲击下分拣臂应变响应

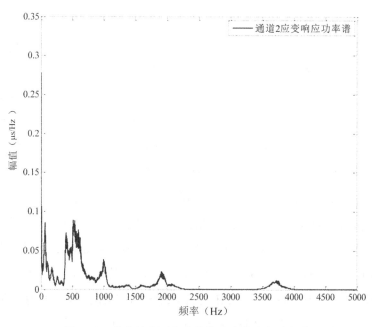

图 7-14　单次敲击下芯片分拣臂应变响应功率谱

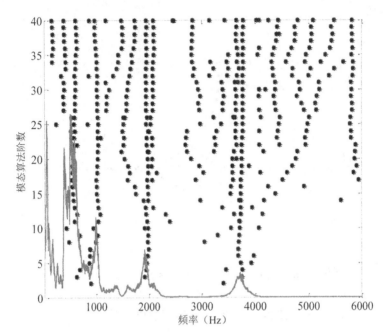

图 7-15　基于应变响应的模态分析稳态图

　　为验证应变模态分析方法的有效性，在敲击状态下，利用激光扫描式测振仪进行模态分析。激光扫描式测振仪为非接触式振动测量方法，利用激光标靶直接测量芯片分拣臂的振动位移，通过振动位移分析被测结构的模态参数。由于这种方法无须在被测结构上附加传感器，不会产生附加质量，因此其测量的结果最为准确。图 7-16 为激光扫描测振仪进行的芯片分拣臂结构测振实验，通过对芯片分拣臂端部进行激光扫描测量其振动响应，采样频率为 7000Hz。图 7-17 为利用激光扫描测振仪得到的芯片分拣臂端部自由振动响应，图 7-18 为芯片分拣臂端部自由振动响应的傅立叶频谱。由芯片分拣臂端部的振动响应频谱可知，在 0～5000Hz 范围内主要有6 各峰值，分别对应芯片分拣臂的前 6 阶模态，其中前四阶模态的固有频率分别为：170Hz，437Hz，724Hz，1022Hz，1093Hz。表 7-1 为三种实验方法所获得的前四阶模态固有频率对比，其中应变片的测量结果与激光扫描仪的测量结果基本一致，说明利用应变片能够较为精确地测量结构各阶模态的固有频率，并且应变片带来的附加质量的影响可以忽略不计。

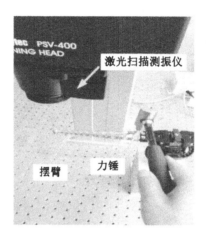

图 7-16　激光扫描测振仪实验系统

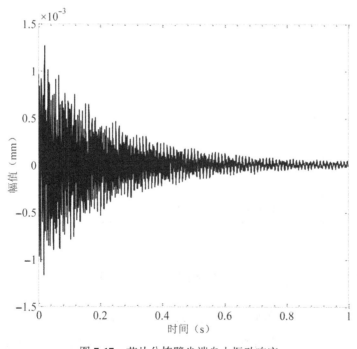

图 7-17　芯片分拣臂尖端自由振动响应

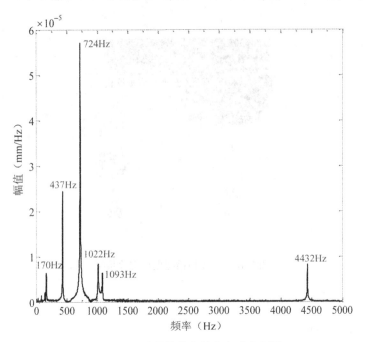

图 7-18　芯片分拣臂尖端自由响应频谱

表 7-1　静态敲击下加速度传感器分析结果与应变片分析结果对比

项目	一阶模态	二阶模态	三阶模态	四阶模态
加速度传感器	163Hz	414Hz	689Hz	917Hz
应变片	169Hz	436Hz	723Hz	1019Hz
激光扫描仪	170Hz	437Hz	724Hz	1022Hz

7.2.2　动态下芯片分拣臂结构振动响应的实验分析

上一小节分别利用加速度传感器、应变片以及激光扫描仪的方法分析了芯片分拣臂结构在静止状态下的固有频率。在附加质量的作用下，加速度传感器测量的结果要小于应变片的测量结果，应变片测量方法能够精确地测量结构的模态参数。然而，当芯片分拣臂高速往复摆动时，加速度传感器对应的转动惯量更大，因此无法利用加速度传感器的方法来测量高频往复运动状态下芯片分拣臂结构的振动特性。同时，运动过程中芯片分拣臂结构的刚体运动使得激光扫描仪无法测量振动位移，因此运动过程中芯片分拣臂结构需要利用质量较轻的应变片来进行测量。

图 7-19 为高频运动下芯片分拣臂应变响应的时域信号。由该图可知，利用应变片可以测量芯片分拣臂高频往复运动下的振动响应，其中通道 2 的应变响应幅值要大于通道 4 的应变响应幅值，因此通道 2 的信噪比要高于通道 4 的信噪比。图 7-20 为高频运动下通道 2 时域信号的自相关函数，自相关函数与自由响应具有相似的特性，因此自相关函数可以代替自由响应。图 7-21 为高频运动下芯片分拣臂应变响应的自功率谱，在 0~1000Hz 范围内存在四个峰值。图 7-22 为高频运动状态下利用应变响应进行模态分析得到的稳态图。其中，第一阶固有频率为 176Hz，第二阶固有频率为 422Hz，

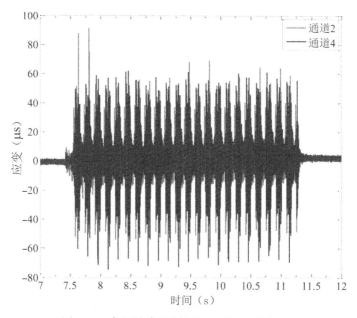

图 7-19　高频运动下分拣臂应变响应时域信号

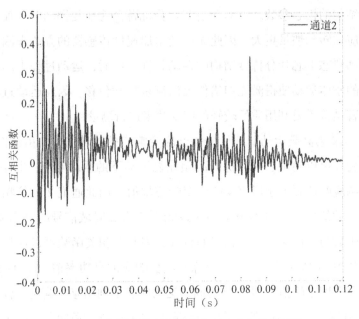

图 7-20　高频运动下分拣臂应变响应自相关函数

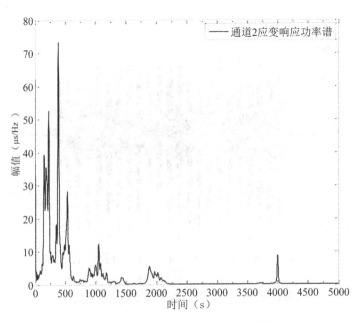

图 7-21　高频运动下应变响应功率谱

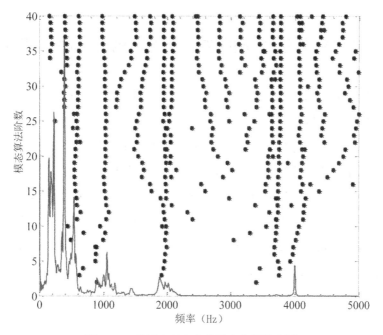

图 7-22 基于应变响应的模态分析稳态图

第三阶固有频率为 623Hz，第四阶固有频率为 990Hz。将运动状态下芯片分拣臂结构的固有频率与静止状态下芯片分拣臂结构的固有频率进行对比，如表 7-2 所示：随着运动状态的改变，其中除第一阶模态固有频率基本不变以外，其余各阶模态固有频率均变小。由于第一阶模态是整机结构的，因此该阶模态的固有频率基本不随运动的变化而改变。对于第二阶、第三阶以及第四阶固有频率，是芯片分拣臂结构的局部模态，由于高频往复运动改变了芯片分拣臂结构结合部的边界条件，其固有频率均减小。

表 7-2 不同运动状态下固有频率对比

	一阶模态	二阶模态	三阶模态	四阶模态
静止状态	169Hz	436Hz	723Hz	1019Hz
高频往复	167Hz	422Hz	634Hz	996Hz

7.3　高频往复运动下的芯片分拣臂机构运动特征分析

　　分析结果表明，芯片分拣臂末端位移响应特性与运行过程相关。芯片分拣臂机构运行过程存在两种运动形式：一种是上下行程为 1.5mm 的 Z 向直线运动；另一种为绕 Z 轴的 180°旋转往复运动。具体运动过程如图 7-23 所示：首先，芯片分拣臂进行旋转运动，从供给去向接收区运动；当到达目标芯片上方后，芯片分拣臂整体下降 1.5mm，芯片分拣臂末端吸嘴与目标芯片接触；其次，当吸嘴完成目标芯片的拾取动作后，芯片分拣臂整体上升 1.5mm，再反向旋转 180°至芯片接收区的目标位置上方，然后芯片分拣臂整体下降 1.5mm，并放置芯片。

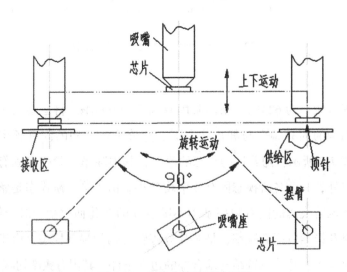

图 7-23　芯片分拣臂运动过程

　　芯片分拣臂机构实际工作频率较高(10Hz)的工作频率表示完成拾取放置动作达 10 次/s)，由于芯片分拣臂的 180°旋转运动和 1.5mm 行程的升降运动是高频往复运行状态进行，芯片分拣臂机构各部件的瞬时加速度较大，运行过程中的惯性冲击将使得芯片分拣臂结构振动剧烈，直接影响芯片分选精度和效率。

在进行芯片分选工艺参数设计时，为降低芯片分拣臂振动对芯片拾取和放置过程的影响，需要在芯片分拣臂对应芯片拾取和放置的环节预留一定的稳定时间段来衰减芯片分拣臂末端的振动响应。如图 7-24 所示，芯片分拣臂设计指标中单颗芯片分选周期为 200ms。图中所给出的单颗芯片分选周期分为两段：第一段为排列区对应时间段，在该时间段内，芯片分拣臂从供给区拾取芯片到接收区，并完成芯片放置动作的最小时间段，该时间段时长 90ms，此时间段包含旋转和升降两种运动方式；第二段为芯片分拣臂从排列区放置芯片后到芯片分拣臂移动至供给区的最小时间段，该时间段时长 110ms，此时间段包含旋转和升降两种运动方式。

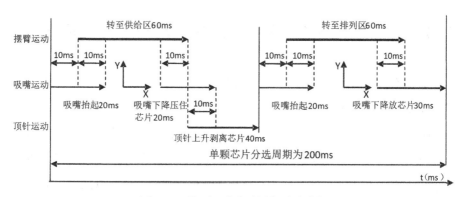

图 7-24　单颗芯片分选周期设计分析

在芯片分拣臂高频往复工作过程中，芯片分拣臂上升、下降和旋转往复运动过程中的振动与芯片分拣臂工作时序相关，因此芯片分拣臂运行下的结构振动特性将影响工作时序的设计。考虑工作时序和各环节结构形式等运行过程相关因素的影响，本章将从以下 2 点进行芯片分拣臂高频往复芯片分拣臂结构振动响应分析：

(1) 结构形式变化对芯片分拣臂结构振动影响分析

芯片分选过程中，芯片分拣臂各环节之间存在结构形式的改变，而第二章进行的芯片分拣臂末端运行位移实验结果表明，在芯片分拣臂上下升降过程中芯片分拣臂末端存在显著振动位移变化，故针对芯片分拣臂高频往复工作状态，分析芯片分拣臂机构在不同结构形式下的振动特征，进而给出运行过程中芯片分拣臂机构结构形式变化与振动特征的相关规律。

(2)运行参数对芯片分拣臂结构振动影响分析

因为工作时序决定芯片分拣臂上升环节、下降环节和旋转往复环节的运动加减速过程，故基于设定的工作时序，分析各环节中惯性激励下的芯片分拣臂振动响应，从而建立运行参数与芯片分拣臂结构振动的关联特性，给出运行参数对芯片分拣臂振动特性影响规律。

7.4　位置相关的芯片分拣臂结构振动响应特性研究

芯片分选过程中，芯片分拣臂上升和下降环节完成拾取和放置芯片动作，而芯片分拣臂末端的激光位移测量结果表明，芯片分拣臂机构在这两个运动环节中，其末端有明显位移变化特征。为分析芯片分拣臂机构的结构形式与芯片分拣臂振动响应的关联特性，首先进行芯片分拣臂机构有限元预分析：选取芯片分拣臂机构上升和下降环节中对应的最高位与取接触位的结构形式，分析该机构形式变化对芯片分拣臂结构动力学特性的影响。

在芯片分拣臂机构实现芯片拾取和放置过程中，机构最高位置与取接触位置相差 1.5mm，结构形式如图 7-25(a)所示。由图所示，芯片分拣臂机构中芯片分拣臂升降电机与偏心轮连接，偏心轮与圆弧导轨线接触驱动圆弧导轨，圆弧导轨与芯片分拣臂结构相连沿直线导轨完成芯片分拣臂上下运行。在芯片分拣臂上下过程中芯片分拣臂、芯片分拣臂连接件和圆弧导轨等组件一起运动，故该部分位置的变化将使得芯片分拣臂机构的质量分布发生变化，导致芯片分拣臂机构动力学特性在上取接触位置存在差异，故芯片分拣臂振动响应与位置相关。

对于建立的 LED 芯片分选机芯片分拣臂机构多体动力学模型，选取芯片分拣臂机构上升和下降环节对应的最高位置与取接触位置的结构形式进行仿真分析，模型计算结果如图 7-25(b)所示。仿真结果表明，芯片分拣臂部件上下极限行程 1.5mm 过于微小，模型计算精度无法给出芯片分拣臂部件位置上改变对机构动力学特性的影响。由于芯片分拣臂机构模型计算结果与第二章芯片分拣臂末端测量实验结果不符，难以表征芯片分拣臂结构振动特性，本章基于应变响应方法进行不同结构形式下芯片分拣臂结构振动特性研究，给出芯片分拣臂机构的结构变化对芯片分拣臂振动特性影响规律。

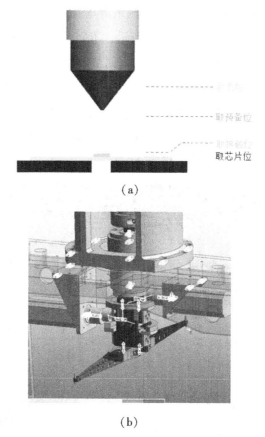

（a）

（b）

图 7-25　芯片分拣臂机构形式及芯片分拣臂机构模态计算结果示意

（a）芯片分拣臂机构上取接触位置各部件相对位置

（b）芯片分拣臂机构模态计算结果

7.4.1　芯片分拣臂结构静态下振动响应的位置相关特性分析

针对芯片分选机工作流程中芯片分拣臂工作位置特征，选取芯片分拣臂上限位置，芯片分拣臂下限位置，芯片分拣臂与芯片接触三种位置研究不同芯片分拣臂结构形式对振动响应的影响。

考虑芯片分拣臂结构各阶振型节点，采用多测点布置以辨识芯片分拣臂结构的振动频率，应变片测点分布于结构上端面和侧面，用于芯片分拣臂悬臂梁特征的结构振动特征分析。实验中应变片测量采样率设定为 25kHz，以满足芯片分拣臂结构振动测量带宽的需求。

芯片分拣臂测点布置如图 7-26 所示，不同测量位置上的应变片测量不同方向上的振动，各测点测量的振动方向如表 7-3 所示，芯片分拣臂振动方向如图 7-27 所示：其中 channel 1 对应的应变片测量上下方向上的振动，channel 2 对应的应变片测量横向振动，channel 3 对应的应变片测量横向振动，channel 4 对应的应变片测量横向振动，channel 5 对应的应变片测量横向

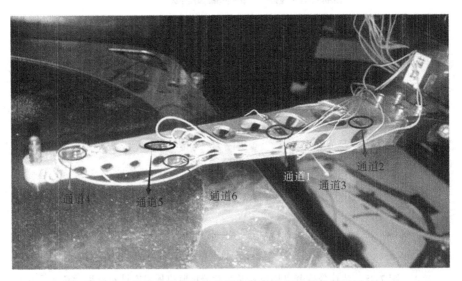

图 7-26　芯片分拣臂机构高频运行结构振动特性实验系统

表 7-3 应变片的振动测量方向

应变片	Channel 1	Channel 2	Channel 3	Channel 4	Channel 5	Channel 6
测量方向	纵向	横向	横向	纵向	纵向	纵向

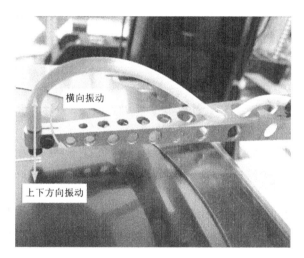

图 7-27 芯片分拣臂振动方向示意图

振动，channel 6 对应的应变片测量上下方向上的振动。测试实验在芯片分拣臂结构静止状态下进行锤击激励，采集应变响应数据，分别选取三种不同位置下结构的应变响应信号，进行功率谱计算，分析结构形式对芯片分拣臂结构振动响应的影响。

(1) 最高位置结构振动响应分析

图 7-28 为芯片分拣臂位于最高位置时结构的应变响应谱，由于采用锤击激励，此时对芯片分拣臂结构的激励是充分有效的。响应频谱中 0 ~ 500Hz 频段占据结构响应的主要成分，并且芯片分拣臂出现 1000Hz 以上的高频成分，但幅值相对 500Hz 内谱线峰值较小。

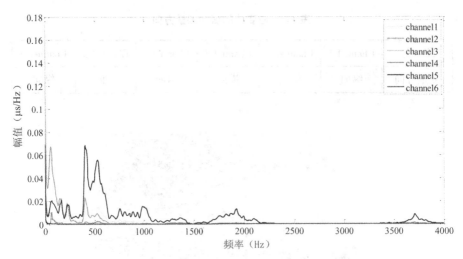

图 7-28　芯片分拣臂机构运行最高位置锤击响应频谱

芯片分拣臂振动特征可由多点应变响应测量得到，在图中所示的芯片分拣臂结构各应变测点中，测点 2 和测点 5 低频响应相对显著，测点 5 高频响应相对显著。考虑应变测点 2 位于芯片分拣臂结构根部上端面，用以测量芯片分拣臂横向的振动特征，故该低频段的振动主要出现在 500Hz 以下频段，该振动特征将对芯片分拣臂末端定位影响较大。应变测点 5 位于芯片分拣臂前端，用以测量芯片分拣臂上下方向振动特征，图中该点频谱峰值在 1000Hz 以上，且表现为单一的上下方向振动变形。该频段响应对于芯片分拣臂上下升降方向冲击较为敏感，该振动特征影响芯片分拣臂末端对芯片的拾取和放置效果。

另外应变测点 1、测点 2 和测点 5 的响应频谱在 500Hz 内出现两个峰值，故可知芯片分拣臂振动特征中有扭转变形。考虑芯片分拣臂机构高频往复下的惯性激励相对于锤击是一宽带激励，激励特征取决于芯片分拣臂实际运行状态，故该扭转振动在实际运行过程中出现与否取决于芯片分拣臂实际运行状态。

（2）取接触位置结构振动响应分析

图 7-29 为芯片分拣臂位于取接触位置处结构的锤击应变响应谱，实验中芯片分拣臂末端吸嘴未接触芯片，而图 7-30 为芯片分拣臂位于取接触位置处，芯片分拣臂末端吸嘴与芯片接触时的锤击应变响应谱。

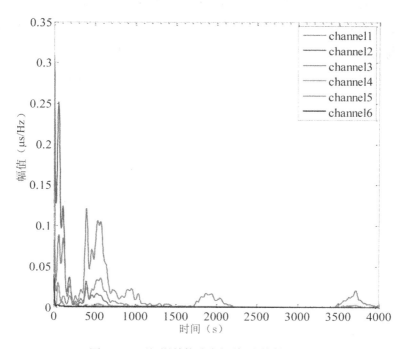

图 7-29　下极限结构响应频谱(未接触芯片)

与芯片分拣臂位于最高位置处结构应变响应谱图 7-28 比较可得：三个位置处芯片分拣臂响应频谱峰值所对应的固有频率保持一致，测试结果较理想。芯片分拣臂在三个位置的谱线频段分布一致，锤击下结构振动主要集中于 700Hz 以内的低阶频段内。

由不同结构形式下芯片分拣臂结构应变响应的谱线峰值大小对比可知，对于芯片分拣臂机构取接触位置，芯片分拣臂结构的低频响应谱线峰值大小相对最高位置而言，在 300Hz 左右振动响应增大。因为芯片分拣臂、芯片分拣臂连接件和圆弧导轨等组件一起运动至取接触位置，此时芯片分拣臂机构的质量分布使得整体结构刚性较之前的结构减弱，该特性表征为 300Hz 左右的振动响应幅值增大。

图 7-30 所示谱线的高低频段相对于图 7-28、图 7-29 都明显降低，而芯片分拣臂机构处于该极限位置时，芯片分拣臂末端橡胶吸嘴与芯片蓝膜连接，使得芯片分拣臂高低频段响应幅值都有所减小。故当芯片蓝膜与芯片分拣臂末端吸嘴接触时，相当于对芯片分拣臂末端施加了一个边界约束，该约束对芯片分拣臂 700Hz 以上的高频振动有抑制作用。

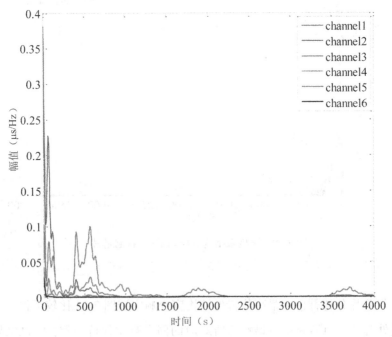

图 7-30　下极限结构响应频谱(接触芯片)

由上述分析可知，结构形式相关的芯片分拣臂振动特性有以下几个特点：

①芯片分拣臂静态锤击下结构应变响应出现多阶高低频特征，700Hz以内以多阶低频为主导，而1000Hz以上的频段芯片分拣臂也存在多个谱线峰值，幅值相对低频较低；

②芯片分拣臂位置变化对于结构响应谱线峰值影响不大，结构振动形式也未见影响，但芯片分拣臂位置的变化与芯片分拣臂结构特定频段响应谱线峰值存在一定相关性；

③芯片分拣臂结构末端高频振动显著，拾取过程芯片蓝膜对该高频振动有抑制作用。

因为锤击激励为外加人工激励，用于结构本身固有动力学特性的辨识分析。而芯片分选过程中，芯片分拣臂结构响应是以机构高频往复运行下的惯性激励作为输入，而该类激励相对于锤击是一宽带激励，其频带和能量分布取决于芯片分拣臂实际运行特征。由于实际运行状态下芯片分拣臂振动特性是影响芯片分选精度和工作效率的关键因素，故需要进一步进行高频往复运行状态下的芯片分拣臂振动分析，给出运行状态下结构振动响应的关键影响因素。

7.4.2 运动状态下芯片分拣臂结构振动响应的非稳态特性

芯片分拣臂锤击实验是在芯片分拣臂机构处于静止状态下进行的，而运行响应实验中，在芯片分拣臂高频往复拾取与放置芯片过程中，芯片分拣臂机构拓扑结构在三个不同的位置下连续变化，并且芯片分拣臂处于取接触位置时，芯片分拣臂末端橡胶吸嘴与芯片蓝膜存在非触状态与接触状态两种形式，上述因素使得芯片分拣臂结构的振动响应复杂。

图 7-31 为 6Hz 分选频率下芯片分拣臂结构的应变响应曲线，图 7-32 与图 7-33 分别为芯片分拣臂正常分选过程中结构 6 个测点单次拾取、放置芯片环节所对应的应变响应时域信号与测点 2 单次拾取、放置芯片环节所对应的应变响应时域信号曲线。

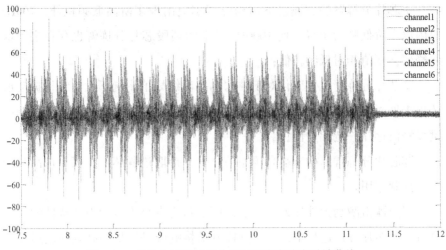

图 7-31　芯片分拣臂结构分选过程应变响应时域曲线

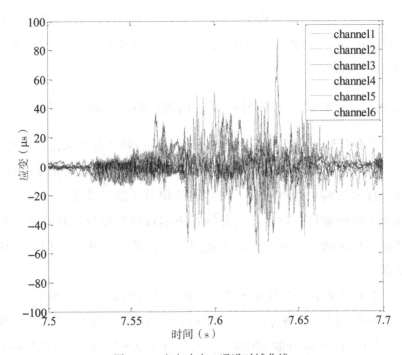

图 7-32　应变响应 6 通道时域曲线

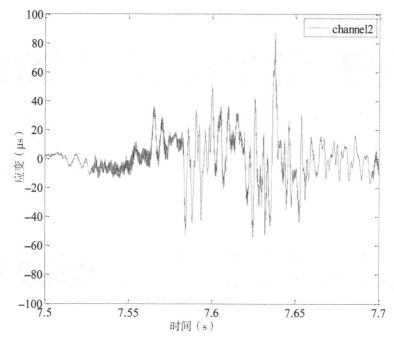

图 7-33 第 2 通道应变响应时域曲线

由于芯片分拣臂结构工作过程中位置发生了变化，因此运行状态下结构响应复杂。考虑芯片分拣臂机构不同工作频率所产生的惯性激励会导致芯片分拣臂响应特性变化，故设定芯片分拣臂机构不同的工作频率进行芯片分拣臂全过程的结构响应频谱分析。

实验设定 6Hz 和 10Hz 两种工作频率，即芯片分拣臂旋转频率分别为 6 次每秒和 10 次每秒，结构测点位置布置与采集参数与上文一致。

图 7-34 给出了两种工作频率下的结构应变响应的小波分析结果，图 7-34(a) 为 6Hz 工作频率下的芯片分拣臂结构的响应小波分析结果，图 7-34(b) 为 10Hz 工作频率下芯片分拣臂结构响应的小波分析结果。图 7-34 结果表明，芯片分拣臂拾取和放置环节频率成分发生改变；当芯片分拣臂结构位置发生变化时，响应谱线峰值发生改变；在不同的工作频率下，芯

191

片分拣臂响应谱线的峰值也存在变化。

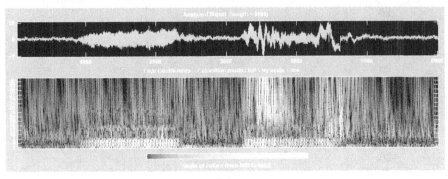

(a)

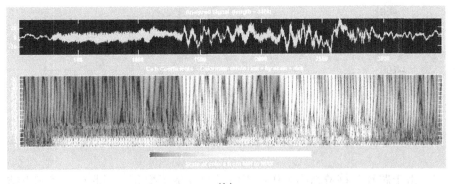

(b)

图 7-34　芯片分拣臂运行过程的结构响应非稳态特征

(a)运行频率 6 赫兹下结构响应分析

(b)运行频率 10 赫兹结构响应分析

故可知高频运行条件下，芯片分拣臂拾取和放置芯片过程中，结构响应稳态特征不显著，在不同的时序阶段，芯片分拣臂位置发生改变，其结构形式发生改变，各测点响应特征变化明显。因此，针对运行过程中芯片分拣臂结构的振动响应，需要基于以下两点进行分析，从而研究芯片分拣臂机构高频往复运行过程中与运动状态相关的振动响应特性：

(1)高频往复运行过程中芯片分拣臂结构形式变化对振动响应特性的影响;

(2)芯片分拣臂高频往复工作运行频率对芯片分拣臂结构振动响应特性的影响。

因为芯片分拣臂高频往复运行下结构响应信号的非稳态特征,故下文通过芯片分选工作时序设计方式,采用分时段结构振动响应信号处理方式,确定上述两种运动状态相关的因素对芯片分拣臂结构运行状态振动响应的作用特性,从而为后文振动抑制提供有效方法。

7.4.3 芯片分拣臂结构运行下振动响应的位置相关特性分析

在实现芯片的拾取和放置过程中,芯片分拣臂结构形式会发生变化,因此运行状态下必须考虑芯片分拣臂结构形式变化对振动特性的影响。不失一般性,本小节分析芯片分拣臂在 6Hz 工作频率下不同位置处的振动特性,从而研究运动状态下芯片分拣臂结构变化对振动特性的影响规律。

为了确定运行过程中芯片分拣臂结构形式的变化对芯片分拣臂振动的影响,首先需要对芯片分拣臂的工作时序进行分析。由芯片分拣臂机构时序图可知,工作时序中各关键时刻芯片分拣臂机构的结构形式会发生变化,结构应变信号存在非稳态特征,因此需要按照时序对响应信号进行分段处理,每个时序段对应不同的结构形式,从而获得不同结构形式下具有稳态响应特征的芯片分拣臂结构响应谱。根据芯片分拣臂拾取和放置芯片的工作时序,对应变响应时域信号按图 7-2 所示时序进行分段,然后对不同时序段下的应变响应信号进行功率谱分析。时段选取准则为:第 1 时序段对应芯片分拣臂最高位置处的旋转过程,用于分析旋转冲击下的芯片分拣臂结构振动特性;第 2 时段对应最高位置前后过程,该时序中芯片分拣臂结构形式发生变化,用于分析芯片分拣臂位于芯片上方的振动特性;第 3 时段内芯片分拣臂从最高位置下降至取接触位置,用于分析芯片分拣臂结构下降过程中的振动特性。芯片分拣臂结构应变测量采用与图 7-26 所示相同的应变测点位置和测量方向，应变片测量采样率设定为 25kHz。

　　图 7-35 为芯片分拣臂机构 6Hz 工作频率状态下，芯片分拣臂完成拾取和放置芯片完整过程的应变响应时域信号。对时域信号进行功率谱分析，可以获得如图 7-36 所示的功率谱密度曲线。由功率谱密度曲线可知，芯片分拣臂机构在高频往复运动下，芯片分拣臂部件的高频特性表现出与图 7-14 所示静态锤击时不同的响应特性。芯片分拣臂静态锤击对应的响应谱线平缓，峰值不显著，而运行状态下芯片分拣臂结构的高频峰值比较显著，与低频幅值相当。同时，运动状态下芯片分拣臂响应相对于静态结构响应频谱具有较多峰值。故高频运动状态下，不仅需要考虑芯片分拣臂结构的低频峰值作用，还需考虑结构的高频峰值振动。对于运行状态下结构低频响应，其结果与静态锤击响应结果一致，测量芯片分拣臂横向振动量的通道 2 在运行状态性下低频响应同样显著，该低频段的振动对芯片分拣臂旋转方向上的激励敏感。

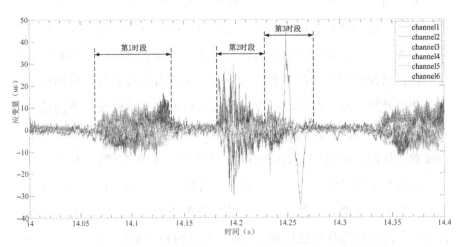

图 7-35　芯片分拣臂机构 6Hz 工作频率下结构响应时域曲线

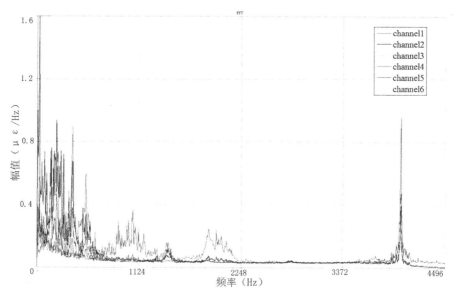

图 7-36　芯片分拣臂机构 6 赫兹工作频率下结构响应频域曲线

　　对相应工作时序进行分时段处理，图 7-37 为芯片分拣臂 6Hz 工作频率时的分时段结构响应频谱。不同时段对应芯片分拣臂结构的不同位置，其中第一时段表示芯片分拣臂结构处于上限位置，第二时段表示芯片分拣臂结构处于下限位置，第三时段表示芯片分拣臂与芯片接触状态。对比三个状态可知，当结构发生变化时，芯片分拣臂振动响应的能量在频域下的分布发生变化：当芯片分拣臂处于最高位置时，振动能量仅仅集中在 0~50Hz 的低频范围；当芯片分拣臂处于取接触位置时，芯片分拣臂振动能量不仅集中在 0~100Hz 的低频范围，在 100Hz~200Hz 的频率范围内也存在较多的能量分布；当芯片分拣臂处于与芯片接触状态时，芯片分拣臂结构的振动能量分布更广，在 300Hz~500Hz 范围内也存在较多的能量分布。以上分析可知，随着位置的变化，芯片分拣臂结构的振动频率分布越来越广。

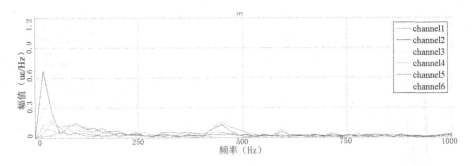

(a)第 1 时段结构响应谱线

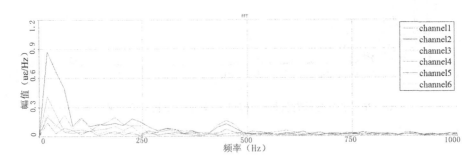

(b)第 2 时段结构响应谱线

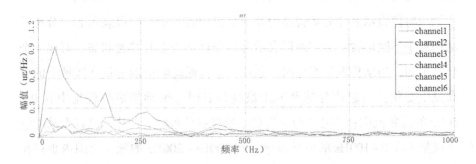

(c)第 3 时段结构响应谱线

图 7-37　芯片分拣臂机构 6 赫兹工作频率下结构响应分时段谱线

7.5　运行状态相关的芯片分拣臂结构振动响应特性研究

7.5.1　运行状态相关的芯片分拣臂结构振动响应实验设计

芯片分拣臂机构的运行状态主要由其芯片分选频率决定：当芯片分选频率越高，芯片分拣臂结构各部件的运行速度越快，芯片分拣臂结构旋转、升降过程中的加速度冲击力越大，这种惯性冲击的改变会进一步导致芯片分拣臂结构振动特性发生变化，影响机构的分选精度。为分析芯片分拣臂工作频率对芯片分拣臂结构振动特性的影响，本小节分别在3Hz、6Hz和10Hz的工作状态下进行芯片分拣臂振动特性分析。

芯片分拣臂结构应变测量采用与图7-26所示的应变测点位置和测量方向，应变片测量采样率设定为25kHz。考虑到应变测量的数据采样频率为25kHz，故为图示清晰，结构响应分成两部分进行分析：第一部分为1000Hz内的相对低频图，分析3赫兹、6赫兹和10赫兹工作频率下的结构响应特征；第二部分为1000赫兹以上的相对高频图来进行3赫兹、6赫兹和10赫兹工作频率下的结构响应特征分析处理。由于运动过程中芯片分拣臂结构发生变化，因此与上节相同，对时域信号进行分时段处理。

由上节的研究内容可知，高频运动状态下芯片分拣臂结构的振动特性呈现出高低频特性，因此本小节将分别对不同运动状态下芯片分拣臂机构的低频特性和高频特性展开分析。

7.5.2　运行状态相关的芯片分拣臂结构的低频段振动响应特性分析

图7-38为工作频率3Hz时，芯片分拣臂完整地拾取、移动以及放置芯片完整动作所对应的芯片分拣臂结构应变响应时域信号。其中，channel 1~channel 16分别对应1~6号应变片。

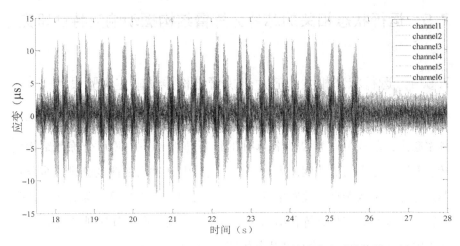

图 7-38　芯片分拣臂机构 3Hz 工作频率下结构响应时域信号

　　根据对应的工作时序对芯片分拣臂应变进行分时段处理，可以获得芯片分拣臂机构不同位置状态下的功率谱密度曲线。图 7-39 为芯片分拣臂在 3Hz 工作频率下的分时段结构响应频率谱密度。由图 7-39 可知，采用分时段处理方法可以较清晰表征各个频段在不同时序下结构的振动特征，全时段数据功率谱分析结果不能反映这种过程相关的振动特性。

　　由图 7-39 可知，芯片分拣臂旋转运动过程中，位于芯片分拣臂根部通道 2 的应变信号在低频 10Hz 处峰值特征显著，表明当芯片分拣臂做旋转运动时，芯片分拣臂存在与旋转运动方向一致的横向摆动振动，该频段幅值随时序后移逐渐增大，但总体上幅值还是相对较小。当芯片分拣臂旋转至芯片上方的目标位置时，由于对应的工作时序中芯片分拣臂结构位置下降，位于芯片分拣臂前端的通道 4 应变信号有显著峰值，该峰值说明芯片分拣臂结构出现上下方向的振动。在芯片分拣臂结构拾取芯片过程中，芯片分拣臂虽然下降 5mm 的短距离行程，但对应的结构变化仍然能够引起芯片分拣臂结构沿上下方向的振动响应。对于三个时段总体来说，结构低频图中较高频段谱线峰值不显著，可以认为芯片分拣臂结构在相对较低的工作频率下运行时（工作

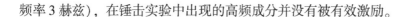

频率 3 赫兹），在锤击实验中出现的高频成分并没有被有效激励。

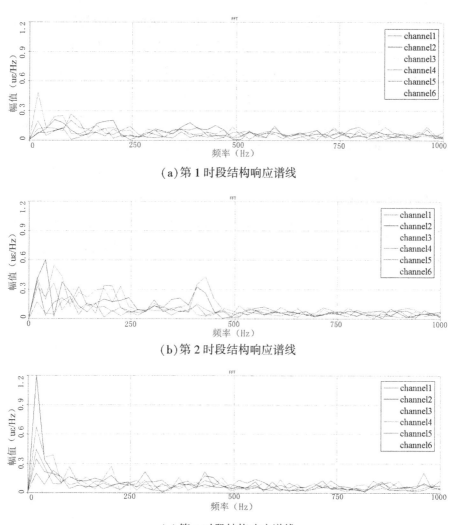

（a）第 1 时段结构响应谱线

（b）第 2 时段结构响应谱线

（c）第 3 时段结构响应谱线

图 7-39　芯片分拣臂机构 3Hz 工作频率下结构响应分时段谱线

　　图 7-40 为芯片分拣臂工作频率 6Hz 时，芯片分拣臂结构的分时段结构响应频谱。由图 7-40(a)可知，当芯片分拣臂进行旋转运动时，位于芯片分拣臂根部的通道 2 应变信号的低频部分谱线峰值较为显著，表明芯片分

拣臂旋转过程中结构存在明显的横向振动。与图 7-39(a)比较,该振动形态的峰值频率与 3Hz 情况接近,但对应的幅值与 3Hz 状态不同,频谱的第一个峰值是第二个峰值的 5 倍,表明该峰值所代表的芯片分拣臂振动形态对工作频率非常敏感,易受芯片分拣臂旋转方向上工作冲击的影响。图 7-40(b)为下降工作时序所对应的应变响应频谱,位于芯片分拣臂前端的通道 4 应变信号无显著峰值,说明 6Hz 工作状态下芯片分拣臂结构在上下升降方向的振动可以忽略。在 3Hz 工作频率下,应变响应中低频段后部无谱线峰值,但 6Hz 曲线有明显的峰值。图 7-40(c)所示的第 3 时段中,随着时段后移,结构低频段后部出现明显峰值,位于芯片分拣臂根部通道 2 应变信号的频谱峰值显著,在 200Hz、240Hz 和 300Hz 出现了明显的尖峰。该特征表明芯片分拣臂机构在 6Hz 工作频率下,结构对旋转运动冲击敏感,而该方向上的芯片分拣臂振动对芯片分拣臂机构工作精度影响较大。

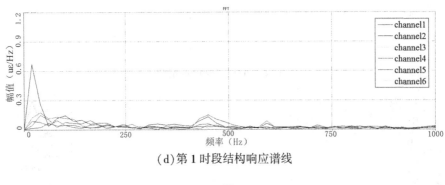

(d)第 1 时段结构响应谱线

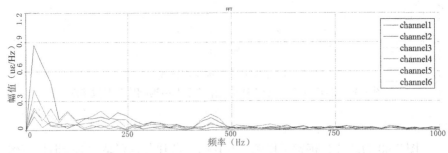

(e)第 2 时段结构响应谱线

图 7-40　芯片分拣臂机构 6 赫兹工作频率下结构响应分时段谱线(1)

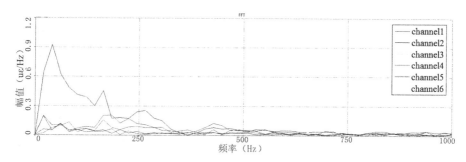

(f)第3时段结构响应谱线

图7-40 芯片分拣臂机构6赫兹工作频率下结构响应分时段谱线(1)

根据相应工作时序对时域信号进行分时段处理，可以获得如图7-41所示的10Hz工作频率下的分时序结构响应频谱。图7-41(a)为10Hz工作频率下，旋转时段对应的芯片分拣臂结构应变响应频谱，该图中结构响应频

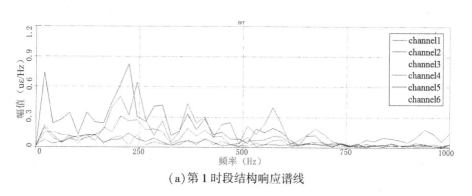

(a)第1时段结构响应谱线

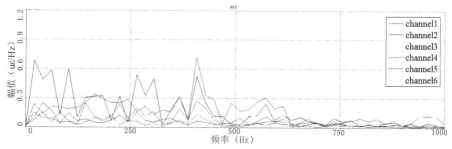

(b)第2时段结构响应谱线

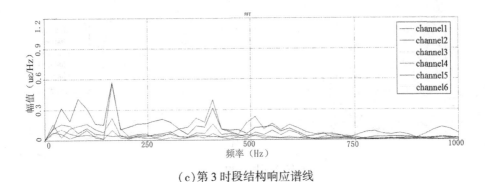

（c）第 3 时段结构响应谱线

图 7-41　芯片分拣臂机构 10 赫兹工作频率下结构响应分时段谱线

谱峰值密集，幅值也较大，但大部分频率成分在后续时段迅速衰减，这些衰减的谱线峰值大小仍然大于 3Hz 和 6Hz 工作频率下对应谱线幅值。图 7-41（b）为上下升降时序所对应的应变响应频谱，该状态下位于芯片分拣臂根部通道 2 和位于芯片分拣臂中部的通道 5 应变信号曲线峰值显著，通道 2 应变信号测量芯片分拣臂结构横向摆动，通道 5 应变信号测量芯片分拣臂结构上下振动。该结果说明芯片分拣臂结构在 10Hz 工作频率下，芯片分拣臂结构横向振动存在多阶振动频率，如频谱中所示的 10Hz，200Hz 和 300Hz 附近的三个特征频率。在上下方向也出现多阶振动，如频谱中所示的 200Hz 和 300Hz 左右两个特征频率。图 7-41（c）所示的第 3 时段中，上述各频率成分保持不变，谱线峰值特征显著，幅值有一定衰减，但各幅值相对 6Hz 工作频率下的谱线峰值仍然较大，峰值大小约 2 倍关系。

7.5.3　运行状态相关的芯片分拣臂结构的高频段振动响应特性分析

相对芯片分拣臂结构低频段振动频谱，高频段振动频谱峰值单一，图 7-42 为芯片分拣臂机构 3Hz 工作频率下结构分时序的高频段响应频谱。由该图可知，在 3Hz 的低工作频率下，芯片分拣臂 1 号测量通道的应变信号峰值显著，表明旋转运动状态下芯片分拣臂横向摆动振动明显，但该幅值随时序后移逐渐减小。

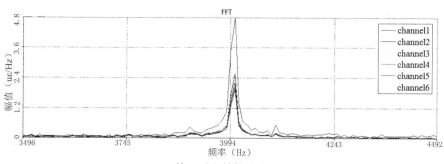

(a)第1时段结构响应谱线

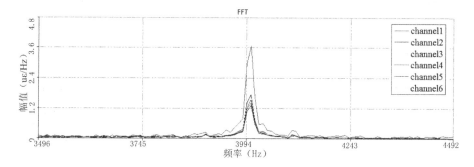

(b)第2时段结构响应谱线

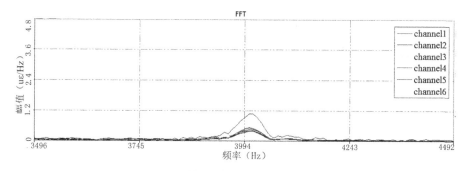

(c)第3时段结构响应谱线

图 7-42 芯片分拣臂机构 3 赫兹工作频率下结构高频段响应分时段谱线

图 7-43 为芯片分拣臂机构 6Hz 工作频率下的分时序结构高频段响应频

谱，由于 6Hz 条件下各时段谱线形状相似，故给出了第 1 和第 3 时段谱线。图 7-44 为芯片分拣臂机构 10Hz 工作频率下的分时序结构高频段响应频谱，由于 10Hz 条件下各时段频谱形状类似，故仅给出了第 3 时段谱线。

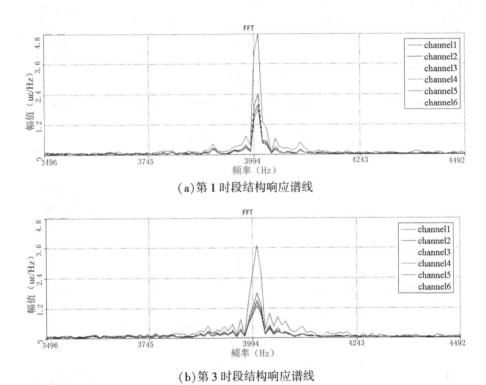

（a）第 1 时段结构响应谱线

（b）第 3 时段结构响应谱线

图 7-43　芯片分拣臂机构 6 赫兹工作频率下结构高频段响应分时段谱线

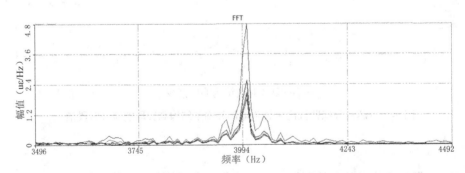

图 7-44　芯片分拣臂机构 10 赫兹工作频率下结构高频段响应第 3 时段谱线

与图 7-42 所示的 3Hz 工作频率下分时序结构高频响应谱线相比,芯片分拣臂在 6Hz 和 10Hz 工作状态下时的谱线峰值存在差异。工作频率为 6Hz 和 10Hz 时,芯片分拣臂在 3 个时段的高频响应谱线峰值幅值不变,频率也保持不变,并且结构各点的应变相对变化也基本一致,故可知,芯片分拣臂旋转过程中高频响应对应于较高频的工作频率,并且在一定工作频率范围以上时,结构振动特征变化不再明显,结构变化形式在芯片分拣臂运动过程中的没有显著作用。

7.6 本 章 小 结

芯片分拣臂机构高频往复运行过程中,芯片分拣臂结构在静止与运行两种状态的振动特性存在较大差别,在运行冲击下芯片分拣臂振动形式和高频频段特征都存在不同的特征。并且在运行冲击水平不同条件下,芯片分拣臂结构的高低频特征也相应变化,芯片分拣臂位置对结构振动特性的影响也与芯片分拣臂运行冲击相关。本章给出了芯片分拣臂高频往复运行过程中,不同运行冲击和芯片分拣臂位置因素作用下的芯片分拣臂结构高低频段响应特征规律,进而为芯片分拣臂运行过程振动抑制提供方法。

第8章
高频往复运行下的芯片分拣臂结构模态
分析研究

由前面分析可知只有获得了芯片分拣臂的全部模态参数，才能为终端振动抑制提供依据。有限元分析虽然可以得到准确的模态振型，但是结构的边界条件复杂难以界定，得到的频率和阻尼比的结果会存在很大误差。因此，寻求实验的方式来获得准确的模态参数，前面章节从理论层面探讨了应变模态测试的可靠性，但是这种方法在实际运行工况下的可靠性还不清楚，本章进行实验验证。然后，研究芯片分选机系统旋转轴的扭转振动对芯片分拣臂终端振动的影响。最后，针对前面研究所得到的芯片分拣臂系统的动态特性和模态参数，抑制芯片分拣臂末端的振动。

8.1 基于多传感器的实验模态分析研究

8.1.1 多传感器的实验模态参数识别

为了研究芯片分拣臂在旋转方向的动力学特性，进行了下面几组实验：

实验1(应变)：芯片分拣臂结构侧表面沿 Y 方向分别布置 10 个应变片，用 INV9311 脉冲力锤敲击芯片分拣臂端部的 Y 方向，DH5929 动态应变测试采集仪拾取各点应变响应。采样频率为 5kHz。应变片的布置如图8-1 所示。

实验2(加速度)：采用固定一个测点作为参考点，不断移动其他 8 个测点的方法进行八组实验，INV9311 脉冲力锤激励芯片分拣臂端部的 X 方向，用 LMS 振动信号数据采集芯片分拣臂加速度响应信号，采样频率设为 4096Hz，运用 PolyMAX 算法进行模态参数辨识。加速度测点布置如图 8-1 所示。

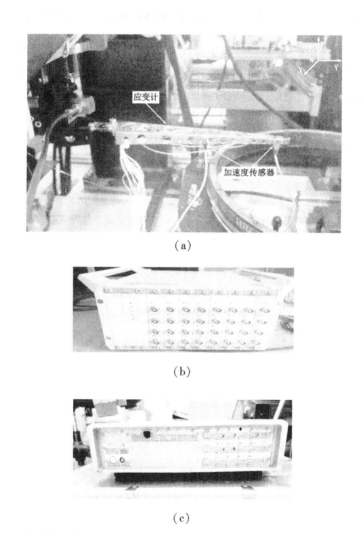

（a）

（b）

（c）

图 8-1　（a）应变计和加速度计的布置　（b）动态应变采集仪　（c）LMS 振动信号采集仪

实验 3（FEA）：对芯片分拣臂进行有限元模态分析，设置参数如下：材料为铝合金（5A06），其密度为 2770kg/m³，弹性模量为 71Gpa，泊松比为 0.33，采用有限元提供的 Solid187 单元。

8.1.2　多传感器的实验模态分析

如图 8-2(a)为旋转方向(X 方向)的加速度频率响应函数稳态图，是将多个加速度测点的频率响应函数曲线用 PolyMAX 算法所得到的。如图 8-2(b)为旋转方向(X 方向)的应变频率响应函数图，其中每条曲线代表一个传感器测点的频率响应图。从两幅图的对比可以发现两种传感器采集的响应信号经过信号处理，传统模态测试、应变模态测试得到前九阶模态，并且它们的频率响应函数曲线趋势比较接近，同时将有限元计算的结果进行参考，将结果罗列在表 8-1 中。

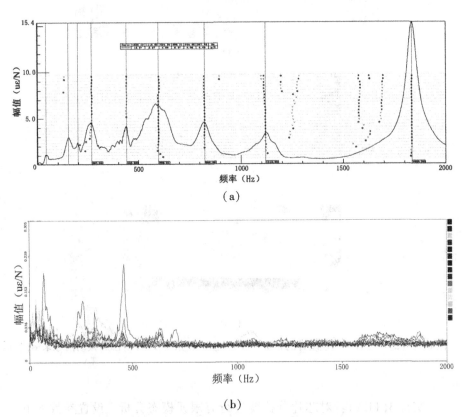

（a）

（b）

图 8-2　(a)加速度频率响应函数图　(b)应变频率响应函数图

表 8-1　多传感器的模态参数辨识结果对比

频率(Hz)	模态阶次								
	一阶	二阶	三阶	四阶	五阶	六阶	七阶	八阶	九阶
加速度计	28.1	149.9	198.5	267.3	440.8	598.3	—	1118.8	1835.2
应变计	27.6	147.8	196.3	264.2	435.1	593.7	812.3	1098.1	1803.6
FEA	26.9	146.4	193.6	259.8	427.7	589.9	807.6	1057.3	1716.1
加速度计相对误差	4.5%	2.4%	2.6%	3.1%	3.1%	1.5%	—	5.7%	6.9%
应变计相对误差	2.7%	1.0%	1.4%	2.0%	1.9%	1.0%	1.0%	3.8%	5.1%

对比各阶模态固有频率可以看出，第九阶模态结果相差最大达到了119Hz，我们知道仪器辨识的高频率段本身就存在一定误差，但是相对差值均不超过 7%，说明加速度传感器和应变传感器两种方式所得结果都比较准确，应变模态测试比传统模态测试识别的固有频率数值更加接近有限元计算的结果，主要是由于加速度计在测量结果中无法避免附加质量影响，而应变计附加质量可以忽略，附加刚度小，低频性能优于加速度计。

模态振型表示结构每阶模态振动的形态，如表 8-2 所示为静止状态下传统模态测试，应变模态测试和有限元分析计算所识别出的五阶模态振型。在第二、四阶模态下芯片分拣臂端部振动较大，第二阶模态下芯片分拣臂中间和根部振动较小，端部振动最大，第四阶模态下芯片分拣臂呈现扭转的形态，直接影响终端的定位精度。

Allemang R J 提出了一种评价模态相关性和评估振型的质量方法，即模态置信准则(modal assurance criteria, MAC)①。MAC 准则用于比较两个模态振型之间相似度。其中，φ_{xi}，φ_{yi} 表示需要比较的振型向量。如果 φ_x，φ_y 属于同物理振型的估计，那么 MAC 值应该接近 100%，如果 φ_x，φ_y 不属于同物理阵型的估计，那么 MAC 值将很小。对各阶模态振型进行比较并计算 MAC 值，得到 MAC 矩阵。

---

① Allemang R J. The modal assurance criterion—twenty years of use and abuse[J]. Sound and vibration, 2003, 37(8): 14-23.

表 8-2　芯片分拣臂旋三种测试方法下的模态振型

	FEA	位移振型	应变振型
1			
2			
3			

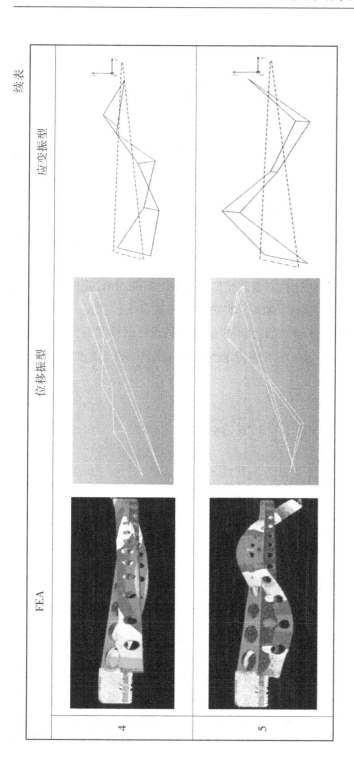

$$MAC(\varphi_{xi}, \varphi_{yj}) = \frac{|\varphi_{xi}^T \varphi_{yj}|^2}{(\varphi_{xi}^T \varphi_{xi})(\varphi_{yj}^T \varphi_{yj})} \tag{8-1}$$

借鉴该方法本节采用应变模态置信度评价仿真分析和试验应变模态振型的相关性，其计算方法如下：

$$MAC(\psi_{xi}, \psi_{yj}) = \frac{|\psi_{xi}^T \psi_{yj}|^2}{(\psi_{xi}^T \psi_{xi})(\psi_{yj}^T \psi_{yj})} \tag{8-2}$$

其中：ψ_{xi} 为 x 方向第 i 阶应变模态振型，ψ_{yi} 为 y 方向第 j 阶应变模态振型，$MAC(\psi_{xi}, \psi_{yi})$ 表示两阶应变模态振型之间的相关性。MAC 矩阵中的对角线元素接近 100% 并且非对角线元素接近 0%，则表示试验测试和仿真分析的应变模态振型相关性越高。

图 8-3 是采用加速度计和应变计获得各振型之间的 MAC 矩阵值。从图中可以看出对角线元素接近 100%，非对角线元素很小，这是一个高质量的 MAC[1]。两种方式获得的结果也很相似，表明通过试验和应变试验确定的模态振型非常接近，通过应变响应也能获得高质量的模态振型。

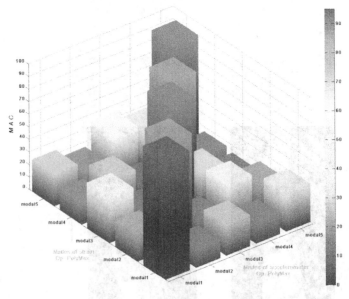

图 8-3　位移模态振型 MAC 值

① Reynders E. System identification methods for（operational）modal analysis：review and comparison[J]. Archives of Computational Methods in Engineering，2012，19（1）：51-124.

8.2 芯片分拣臂结构工作模态分析研究

芯片分拣臂运行时候的振动形态直接影响芯片拾取性能，而抑制芯片分拣臂振动的解决办法的前提是能够掌握运行下芯片分拣臂系统的动力学特性，本节通过测量芯片分拣臂工况（运行频率 10Hz）下的振动响应辨识芯片分拣臂结构的工作模态参数。

8.2.1 芯片分拣臂工作模态分析

芯片分拣臂系统采用双臂结构，芯片分拣臂来回 180°旋转，当其中一个芯片分拣臂抓取（放置）芯片的同时另一个芯片分拣臂进行放置（抓取）芯片。因此，芯片分拣臂在一个周期内完成两次启动和急停工序会产生 4 个峰值，如图 8-4(a)所示，图 8-4(b)是将频率响应函数曲线用 Op. PolyMAX 算法所得到的模态稳态图。

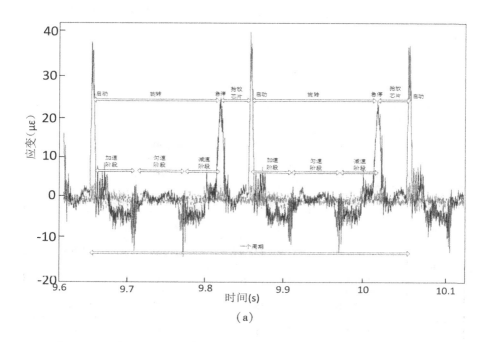

(a)

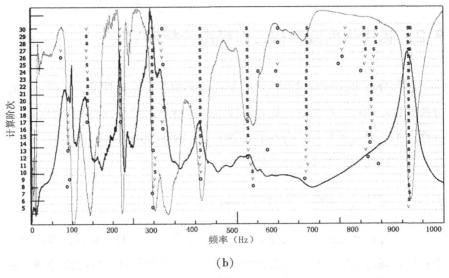

（b）

图 8-4　（a）芯片分拣臂一个周期内应变响应　（b）模态稳态图

在进行试验时进行多次采样保证数据可靠性，表 8-3 为三次采样所识别出的模态参数，包括应变模态和位移模态方法识别的固有频率和阻尼比。

表 8-3　工作模态参数比较

模态参数		有限元	应变	误差率
一阶	频率(Hz)	96.15	98.50	2.1%
	阻尼比(%)	2.36	1.81	——
二阶	频率(Hz)	137.26	140.17	2.2%
	阻尼比(%)	1.74	1.98	——
三阶	频率(Hz)	227.74	233.19	2.6%
	阻尼比(%)	3.56	2.41	——
四阶	频率(Hz)	293.35	297.59	0.14%
	阻尼比(%)	1.32	2.85	——

续表

模态参数		有限元	应变	误差率
五阶	频率（Hz）	435.98	421.45	3.2%
	阻尼比（%）	2.85	3.69	—
六阶	频率（Hz）	551.59	535.69	2.9%
	阻尼比（%）	3.48	3.12	—
七阶	频率（Hz）	906.42	922.78	1.8%
	阻尼比（%）	1.35	2.33	—

8.2.2　工作模态振型的验证

对运行中的芯片分拣臂进行应变模态测试，获取芯片分拣臂测试点的应变响应，采用第3.2节的方法得到位移振型，同时与有限元分析的结果进行比较，如表8-4所示。

表8-4　位移模态振型参考值和估计值的比较

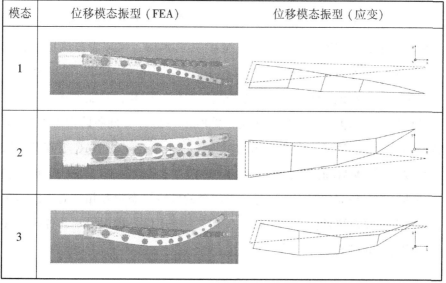

模态	位移模态振型（FEA）	位移模态振型（应变）
1		
2		
3		

续表

模态	位移模态振型（FEA）	位移模态振型（应变）
4		
5		
6		
7		

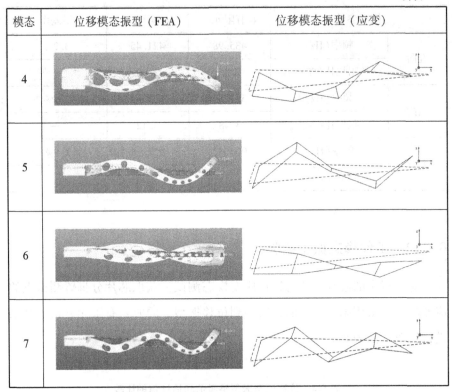

本节采用 MAC 评估得到的模态振型的质量，图 8-5（a）是 FEA 和应变实验辨识出的位移模态振型之间的 MAC 矩阵值图，可以看出该矩阵表现出对角元素接近 100%，非对角元素很小，是高质量的 MAC，说明 FEA 和应变测试实验辨识出的位移模态振型之间相似性很高，验证了基于应变响应获取位移模态振型方法的准确性。图 8-5（b）是 X 方向各阶模态 MAC 矩阵值图，对应变测试实验辨识出的位移模态振型之间的 MAC 矩阵值，从图可以得到，MAC 值最大的为模态 1 和模态 6（其值为 32.578%），认为它们为两阶相互独立的模态，同样地，其余的各阶模态也互相独立，说明在 X 方向上的辨识结果有效。因此，基于应变响应信号辨识得到的各阶位移模态均为独立模态。

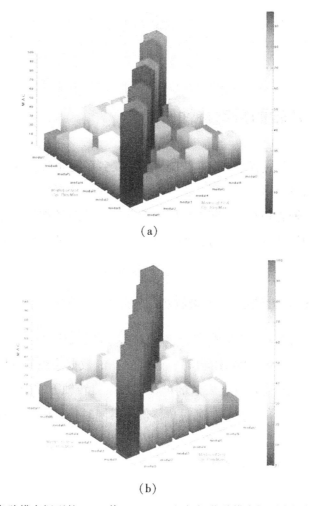

（a）

（b）

图 8-5　各阶模态振型的 MAC 值（a）FEA 和应变-位移模态振型之间的 MAC
（b）X 方向各阶模态 MAC

运行情况下，对于轻质高频运行机构的模态参数的获取一直是一个难题。以 LED 芯片高速分选机为例，分选机芯片分拣臂的振动将直接影响拾取芯片的精度，无法通过传统的模态测试获得模态参数。首先通过应变计获得芯片分拣臂在运行下的应变响应，然后获得各测点的功率谱密度函数，并提取幅值和相位，最后通过归一化得到了位移振型。将实验结果与基于有限元法的模态分析结果进行对比，发现位移振型一致性很高。本节验证了方法的可靠性，弥补了运行下位移模态参数获取困难的不足。

8.3　旋转轴的振动特性研究

在实际运行过程中，分选机旋转轴会受到各种干扰，其轴心轨迹不再是一个圆而呈现出复杂的形状，这种非正常的振动直接影响芯片的定位精度。旋转轴轴心相对于整机在旋转运行下的运动路径称为轴心轨迹，这一轨迹平面轴线垂直，通过分析轴心轨迹的运动规律可以掌握旋转轴的运行状态。

8.3.1　旋转轴的振动信号的识别

实验装置包括：最高转速为 2000 转每分钟的旋转轴，电涡流位移传感器、电荷放大器(B&K2692-014)、西门子 LMS 数据采集分析仪和信号分析软件。考虑到传感器支架安装的可行性，在旋转轴下端附近区域沿垂直、水平方向各布置一个测点，通过位移传感器同时采集两个方向上的振动信号，由专业的西门子 LMS 信号分析软件进行处理。现场实验中轴心轨迹实测信号流程图如图 8-6 所示。

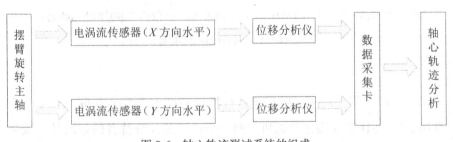

图 8-6　轴心轨迹测试系统的组成

实验地点设在华中科技大学机械科学与工程学院实验室，被测对象为LED 芯片分选机芯片分拣臂的旋转轴，电涡流传感器安装位置如图 8-7 所示。

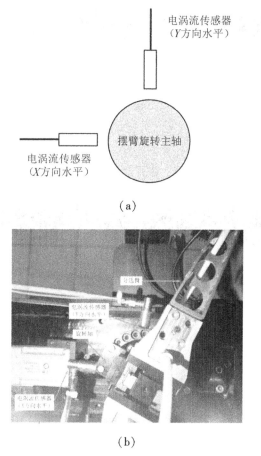

（a）

（b）

图 8-7 （a）传感器安装示意图 （b）传感器安装现场测试图

进行了旋转轴在工况转速 900r/min 下的振动响应信号测试，采样频率设置为 1000Hz，实测的两路时域位移信号如图 8-8 所示。

图 8-9 是图 8-8 对应的频谱图，由图可知，该旋转轴只在转频 33Hz 处存在明显的谱峰。

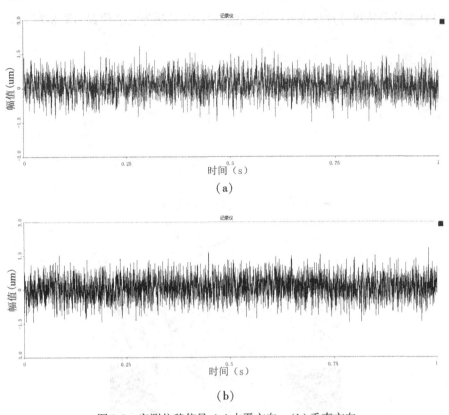

图 8-8　实测位移信号 (a)水平方向　(b)垂直方向

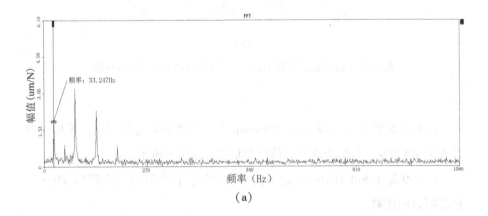

（a）

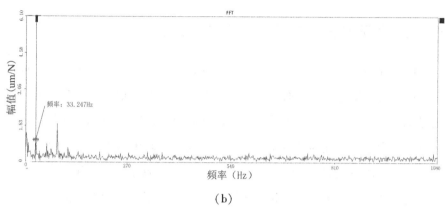

（b）

图 8-9　实测位移信号频谱（a）水平方向　（b）垂直方向

　　将图 8-8 中旋转轴轴系上采集的两路振动信号合成到 X-Y 平面上，得到如图 8-10 所示的旋转轴轴心轨迹图。由于噪声干扰的存在，使得旋转轴轴心轨迹呈现较多"毛刺"，很难从中求解旋转轴的实际工作状态，必须对振动信号进行降噪处理，得到提纯后的轴心轨迹。

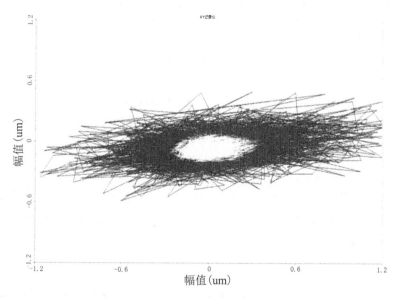

图 8-10　旋转轴原始振动信号的轴心轨迹

8.3.2　基于谐波小波的旋转轴轴心轨迹的识别

国内外学者对基于傅立叶变换的振动信号识别进行了很多研究，成功的应用在检测稳态信号方面。但对于微弱信号、突变信号以及含有噪声的信号识别存在很多问题。为了能够提取微弱信号，David Newland 构造出了具有严格盒形谱特性的谐波小波①。通常高速旋转轴这类高精度设备的振动信号一般比较微弱，有学者利用谐波小波在频域连续分布和拥有严格盒形谱的特性，谐波小波在不同分解层和同一分解层上不同频段的局部频谱细化分析，在频域内提取到了微弱的信号，然后对信号进行逆 FFT 重构，得到频域细化分析后的旋转轴振动信号，最终得到清晰的轴心轨迹。因此，本节采用谐波小波进行轴心轨迹的识别与提纯，其在频域的广义表达式为：

$$\psi(w) = \begin{cases} \dfrac{1}{2\pi(b-a)} & , \quad 2\pi a \leqslant w \leqslant 2\pi b \\ 0 & , \quad \text{其他} \end{cases} \tag{8-3}$$

式中 a，b 为小波变换的层次参数，其中 $a = 2^n$，$b = 2^{n+1}$，此时相应的小波变换为：

$$\psi_{a,b}(x) = \frac{e^{i2\pi bx} - e^{i2\pi ax}}{i2\pi(b-a)x} \tag{8-4}$$

谐波小波位移步长设为 $k/(b-a)$，则公式(8-4)变为：

$$\psi_{a,b}\left(x - \frac{k}{b-a}\right) = \frac{e^{i2\pi b\left(x - \frac{k}{b-a}\right)} - e^{i2\pi a\left(x - \frac{k}{b-a}\right)}}{i2\pi(b-a)\left(x - \frac{k}{b-a}\right)} \tag{8-5}$$

公式(8-5)是分析中心在 $x = k/(b-a)$，带宽为 $2\pi(b-a)$ 的广义谐波小波公式。当 a，b 从 0，1，2，4，8，…，2^n，…中按顺序选取时，公式(8-5)将变为：

---

① Newland D E. An introduction to random vibrations, spectral and wavelet analysis [M]. Courier Corporation, 2012.

$$\psi_{a,b}(2^n x - k) = \frac{e^{i4\pi(2^n x - k)} - e^{i2\pi(2^n x - k)}}{i2\pi(2^n x - k)} \qquad (8-6)$$

谐波小波分解可以将信号无重叠无缺漏地分解到各自独立的频带,即使是微弱的信号也可以被发现。采用二进小波包的分解方法达到无限细化的谐波小波包分解的功能。若 f_h 为最高分析频率,令分析频带宽为:

$$b - a = 2^{-n} f_h \qquad a, \ b, \ n \in Z \qquad (8-7)$$

很显然 $b \geqslant a$,在谐波变换中可设定如下条件:

$$\begin{cases} b = 2a &, \quad a \neq 1 \\ b = 1 &, \quad a = 0 \end{cases} \qquad (8-8)$$

在公式(8-7)中令, $a = 2^{-n} f_h$ 则 $b = 2a = 2^{1-n} f_h$,得到谐波小波分解的频域分布图 8-11。

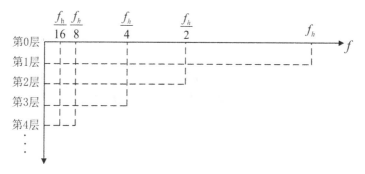

图 8-11　谐波小波分解的频域分布图

令分解层数为 s,信号的最高分析频率为 f_h,子带的分析带宽 A 满足公式(8-9),参数 a, b 满足公式(8-10)。

$$A = 2^{-n} f_h \qquad (8-9)$$

$$\begin{cases} a = sA \\ b = (s+1)A \end{cases} , \quad s = 0, \ 1, \ \cdots, \ 2^n - 1 \qquad (8-10)$$

那么在任何分解层上都能获取任意频段的结果,谐波小波包的频域分布如图 8-12。

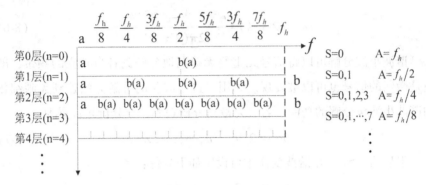

图 8-12 谐波小波包的频域分布图

由图 8-12 可知，如果对某频段的信号非常感兴趣，只需将原信号分解到对应的层级，需要分析信号频段的上下限由公式(8-9)和公式(8-10)得到。采用谐波小波对图 8-8 的实测时域中微弱信号进行提取，图 8-13 表示

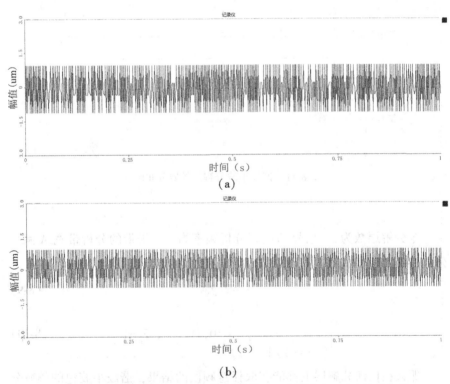

图 8-13 谐波小波提纯后的实测振动信号 (a)水平方向 (b)垂直方向

在[0, 90] Hz 内对两个方向的振动信号频段分解的结果。

图 8-14 所示为采用谐波小波提纯后的振动信号合成到 X-Y 平面上的旋转轴轴心轨迹图。可以看出,旋转轴轴心轨迹经提纯后的呈椭圆形状,可以判断旋转轴在高速运行中存在不对中问题。

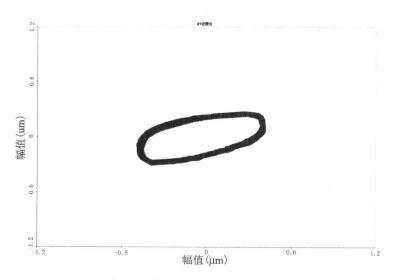

图 8-14　谐波小波提纯后的轴心轨迹

8.3.3　旋转轴模态分析

扭转振动是旋转轴系的主要振动形式,扭转振动表现为在旋转轴的两端呈现为不同步的角速度,引起旋转轴产生相对角位移,通过测量轴扭转角的变化,分析旋转轴系的扭转振动状态,掌握其扭转振动变化规律,可以减少因扭振引起的芯片分拣臂定位精度的影响。试验平台中旋转轴为立式结构,这类结构通常表现为轴倾斜和轴心位置的偏移。随着旋转轴转速的升高使得不平衡产生的离心力也更大,旋转轴轴心的偏移量会更大。所以,判断旋转轴结构的稳定性主要考察旋转轴在加速过程中能否顺利通过允许的频率段。

　　首先在 Pro/E 软件中建立旋转轴三维实体模型，并对各部件按相互关系完成装配，如图 8-15(a) 所示。在有限元分析软件 MSC. Patran 中建立旋转轴系统的动力学模型，采用共计 9926 个六面体单元和 328 个五面体单元，材料属性参数如表 8-5 所示。图 8-15(b) 为旋转轴的网格划分，采用 body/ground 中的 spring 弹簧单元模拟旋转轴支承条件，设定弹簧单元的刚度为 25N/mm、阻尼系数为 12000Ns/m。

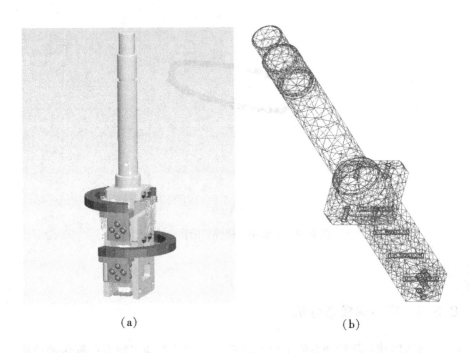

(a)　　　　　　　　　　　　　　(b)

图 8-15　(a) 旋转轴三维模型　(b) 旋转轴模型网格划分

表 8-5　旋转轴的材料属性参数

材料	弹性模量 E(Gpa)	泊松比 μ	密度 ρ(g/cm³)
45#	210	0.31	7.85

有限元分析获得旋转轴的前七阶固有频率，分别为：48.65 Hz，127.52Hz，215.28Hz，231.76Hz，312.64Hz，324.9 5Hz，476.33Hz。系统设计工作转速区间为 600~900r/min，在旋转轴第一阶固有频率之外，满足设计要求，能有效避免共振风险。旋转轴的各阶模态振型如图 8-16 所示。

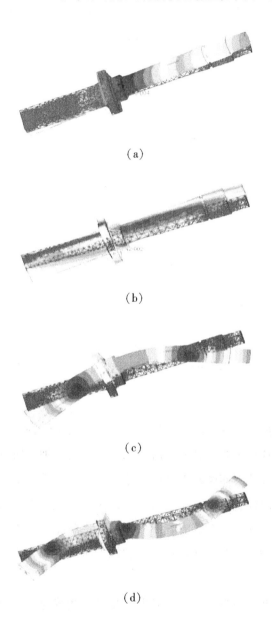

(a)

(b)

(c)

(d)

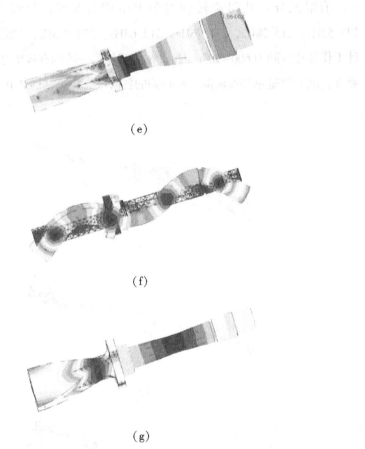

（e）

（f）

（g）

图 8-16　旋转轴的前七阶模态振型（a）-（g）为 1-7 阶振型

　　分析模态振型可知系统一阶振型总体表现为旋转轴两端幅值大而中部振动幅值小，这称为旋转轴的一阶平动振型。旋转轴二阶固有频率振型表现为中部振动幅值大而两端振动幅值小，此时对应系统的平动振型。同理可以分析剩余阶模态振型，旋转轴三、四阶固有频率振型表现为一阶、二阶弯曲振型，旋转轴五阶固有频率振型表现一阶扭转振型，旋转轴六阶固有频率振型表现为三阶弯曲振型，旋转轴七阶固有频率振型表现为二阶扭转振型。

　　旋转轴前两阶振型图中旋转轴并未出现大规模弯曲，仍能近似保持刚性旋转轴的特性，而旋转轴结构的第三阶至第七阶振型均表现为弯曲振型，旋转轴会因为刚性不足而被破坏。从计算结果可以看出系统第一阶固有频率超出了允许转速范围的上限，可认为旋转轴的刚性是满足要求的，扭转振动的影响可以忽略，故第三阶至第七阶固有频率对旋转轴的影响不做研究。

8.4　本章小结

本章首先在静态下进行了芯片分拣臂的实验模态分析实验，通过多传感器模态实验获得了芯片分拣臂的振动响应信号，并采用位移模态分析方法和应变模态分析方法进行研究，验证应变模态分析方法辨识模态参数结果的准确性。在工作运行下，采用应变计获取了芯片分拣臂的实时振动信号，通过应变模态分析获得了芯片分拣臂在工作运行下的模态参数，将实验结果与基于有限元法的模态分析结果进行对比，通过应变模态分析方法得到的位移振型一致性很高，解决了高频、轻质运行机构工作模态参数较难辨识的问题。然后，研究分选机系统旋转轴的扭转振动对芯片分拣臂终端振动的影响，分为两个方面：一方面，利用谐波小波变换对芯片分拣臂系统的旋转轴的不平衡性进行分析，通过倍频的谐波小波提纯，获得了更加清晰的轴心轨迹，实验表明，利用谐波小波进行轴心轨迹提纯可以取得良好的效果；另一方面，运用有限元仿真建立了旋转轴系的有限元模型，求解了旋转轴的模态频率及振型，分析扭转振动对旋转轴的影响。

第9章
面向芯片分选精度的芯片分拣臂振动抑制及实验验证

芯片分拣臂结构在高频往复运动过程中的惯性冲击下，芯片分拣臂产生振动响应，上一章实验结果表明，芯片分拣臂运行过程中的振动响应呈现出与静态不一致的多阶高低频振动特性。由于这种振动特征与运行过程相关，使得 LED 芯片分选机的芯片分选工作精度存在不确定性，从而降低芯片分选精度和效率。本章针对上一章节芯片分拣臂高频往复运行过程惯性冲击和芯片分拣臂变位置因素作用下的芯片分拣臂结构高低频段响应特征，进行芯片分拣臂运行过程的振动抑制。基于芯片分拣臂运行振动特征对芯片排列误差的影响分析，针对芯片分拣臂结构高、低频振动特征与芯片分选精度的相关特性，给出芯片分拣臂机构运行控制方式，分选机工作时序优化设计以提高分选机工作精度和工作效率。

9.1 芯片分拣臂振动形式与芯片排列误差的相关性分析

芯片分选过程中芯片分拣臂振动的各种形式对芯片排列精度和效率有不同的影响，本节首先基于芯片分拣臂拾取与放置过程的芯片排列误差分析，给出芯片分拣臂高频往复运行过程中芯片分拣臂结构振动特征与分选芯片工作精度的关联特性。

芯片分拣臂进行芯片拾取和放置过程中，芯片排列定位过程示意如图 9-1 所示，芯片分拣臂末端吸嘴拾取芯片旋转至排列区设定位置的上方，然后下降放置芯片。芯片的放置精度由排列区上方固定安装的 CCD 相机通过图像辨识来确定芯片位置信息。设定固定的 CCD 视觉中心为放置目标点，如果芯片分拣臂拾取放置芯片过程不存在运动误差及芯片分拣臂结构振动，放置芯片的中心点与该目标点重合。故基于固定的 CCD 视觉坐标系可建立芯片分拣臂放置芯片的排列误差模型，如图 9-2(a)所示。图示坐标系定义芯片中心位置偏离 CCD 视觉中心的误差为排列误差，分别为 X 方向误差和 Y 方向误差。另外，考虑芯片放置过程出现的芯片本体角度的偏转，定义芯片的对称长轴线相对于设定坐标系 Y 方向的偏转角度为角度 θ 偏差。图 9-2(b)所示为基于固定的 CCD 视觉坐标系所确定的各种芯片放置误差表现形式。

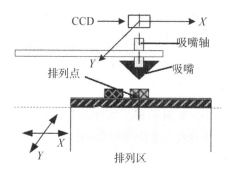

图 9-1　芯片排列区示意图

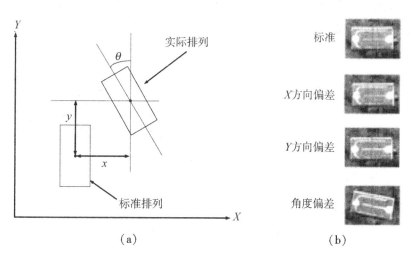

　　　　(a)　　　　　　　　　　　(b)

图 9-2　(a)芯片排列偏差示意图　(b)芯片排列偏差实测图

由上述给出的芯片放置误差定义可知，芯片放置 X 向误差、Y 向误差和 θ 方向误差与芯片分拣臂本身的运动误差、芯片分拣臂结构各方向振动及扭转振动相关联。

9.1.1　旋转方向芯片分拣臂振动对芯片排列误差影响分析

根据第五章分析结果可知，由于芯片分拣臂的扭转振动，芯片分拣臂在拾取和放置芯片过程中，芯片分拣臂会产生横向振动。而芯片分拣臂的横向振动会产生芯片分拣臂转角的波动，这些芯片分拣臂转角的波动会直接导致芯片的放置误差。由于芯片分拣臂机构采用双芯片分拣臂形式，两个芯片分拣臂对称，因此两芯片分拣臂角度波动对芯片排列误差影响分析的过程相同，故选取芯片分拣臂 1 进行分析，图 9-3 为芯片分拣臂横向的角度波动所引起的芯片放置排列误差示意图。

图中芯片排列区和供给区为独立的两个固定区域，故排列区和供给区设定的坐标系之间将存在位置偏移，实际芯片分拣臂运行过程中，由于制造误差，两芯片分拣臂存在一定夹角。图 9-3 中给出的芯片分拣臂 φ_1，φ_2 为双芯片分拣臂实际装配后相对排列区和供给区设定坐标系中 X 轴的夹角，当芯片分拣臂在两个区域对应坐标系 X 轴的上方时，根据运动特征定义该方向为正方向，当芯片分拣臂在两个区域对应坐标系 X 轴的下方时，定义该方向为负方向，角度大小由图 9-3 所示三点连线来确定。

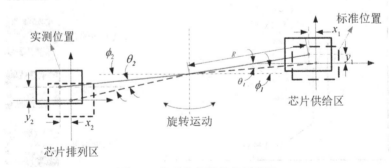

图 9-3　芯片分拣臂偏差示意图

芯片的放置和拾取过程中，芯片分拣臂运动会引入转角波动，定义实际芯片分拣臂角度误差为 θ_1，θ_2。考虑芯片分拣臂横向振动存在正负方向，芯片分拣臂角度误差的正方向设定为相对于基准位置与芯片分拣臂运动方向一致的偏转方向，反之为负。定义芯片起始偏移量 ζ_{1x}、ζ_{1y}、ζ_{2x}，ζ_{2y} 分别为基于供给区和排列区上设定的坐标系下的偏离设定圆点(CCD 的相机中心)的偏移量。R 为芯片分拣臂的有效臂长，由图 9-3 给出的几何关系，芯片定位误差可表示如下：

$$\begin{cases} \zeta_{1x} = -R(\cos(\varphi_1+\theta_1)-\cos\varphi_1) \\ \zeta_{1y} = R(\sin(\varphi_1+\theta_1)-\sin\varphi_1) \end{cases} \tag{9-1}$$

$$\begin{cases} \zeta_{2x} = -R(\cos(\varphi_2+\theta_2)-\cos\varphi_2) \\ \zeta_{2y} = R(\sin(\varphi_2+\theta_2)-\sin\varphi_2) \end{cases} \tag{9-2}$$

设定 λ_x，λ_y，λ_θ 为芯片分拣臂角度波动导致的芯片放置排列误差，该角度波动引入的 X 向误差，Y 向误差和芯片角度偏转误差可表示如下：

$$\begin{cases} \lambda_x = -R(\cos(\varphi_1+\theta_1)-\cos\varphi_1)-R(\cos(\varphi_2+\theta_2)-\cos\varphi_2) \\ \lambda_y = -R(\sin(\varphi_1+\theta_1)-\sin\varphi_1)-R(\sin(\varphi_2+\theta_2)-\sin\varphi_2) \\ \lambda_\theta = \varphi_1+\varphi_2+\theta_1+\theta_2 \end{cases} \tag{9-3}$$

由上式包含芯片分拣臂角度波动导致的芯片放置排列误差公式可知，在芯片分拣臂进行芯片拾取和放置过程中，芯片排列角度误差包含供给区的角度误差和排列区的角度误差，为两者之和。因为排列区和供给区对于芯片拾取放置是独立的两个坐标系，在部件装配时进行调整，可设定 $\varphi_1+\varphi_2=0$，由于 φ_1，φ_2 数值为较小量，故公式(9-1)中取两偏转角度满足：$\varphi_1=\varphi_2=0$，则：

$$\begin{cases} \lambda_x = -R(\cos\theta_1-1)-R(\cos\theta_2)-1)=2R-R(\cos\theta_1+\cos\theta_2) \\ \lambda_y = R(\sin\theta_1+\sin\theta_2) \\ \lambda_\theta = \theta_1+\theta_2 \end{cases} \tag{9-4}$$

芯片分拣臂拾取和放置过程旋转方向振动引起的角度波动所带来的芯片分拣臂角度误差 θ_1，θ_2 数值一般较小，设在一微小范围波动：$\theta_1 \in [-\psi_1$，

$\psi_1]$，$\theta_2 \in [-\psi_2, \psi_2]$，则芯片排列误差极大值可表示如下：

$$\begin{cases} \lambda_{xmax} = 2R - R(\cos\psi_1 + \cos\psi_2)，\lambda_{xmin} = 0 \\ \lambda_{ymax} = R(\sin\psi_1 + \sin\psi_2)，\lambda_{ymin} = -R(\sin\psi_1 + \sin\psi_2) \\ \lambda_{\theta max} = \psi_1 + \psi_2，\lambda_{\theta min} = 0 \end{cases} \tag{9-5}$$

故由上式误差计算公式可进行芯片分拣臂横向振动对芯片排列误差影响分析，如选取芯片分拣臂有效长度为 $R = 197mm$，芯片分拣臂振动角度为：$\psi_1 = \psi_2 = = 10''$，考虑在 θ_1，θ_2 较小情况下，则芯片排列误差的线性误差和角度误差有：

$$\begin{cases} \lambda_{xmax} = -0.05um，\lambda_{xmin} = 0 \\ \lambda_{ymax} = 19.1um，\lambda_{ymix} = -19.1um \\ \lambda_{\theta max} = 20''，\lambda_{\theta min} = 0 \end{cases} \tag{9-6}$$

由上式芯片分拣臂旋转方向振动对芯片排列误差计算结果可知，X 方向上的线性误差对该芯片分拣臂旋转角度波动不敏感，可以忽略不计。而 Y 方向的线性误差对芯片分拣臂旋转方向的角度波动比较敏感，并且按照计算选取角度波动值，Y 方向上线性误差数值相当大，已接近于设定的芯片排列分选精度指标。故芯片分拣臂拾取和放置芯片过程中应尽可能抑制芯片分拣臂旋转方向的角度波动。另外一个影响芯片分拣臂 Y 向线性定位误差的因素为芯片分拣臂长度值，Y 方向线性定位误差的放大倍数与 R 正相关，所以保证芯片分选功能前提下应优先选取较短的芯片分拣臂长度值。

双芯片分拣臂在装配阶段调整后，一般可认为两芯片分拣臂为完全固联，故由上述分析可知，两芯片分拣臂拾取和放置芯片的误差呈负相关，即当一芯片分拣臂放置芯片的误差最大时，另一芯片分拣臂放置芯片误差最小。

9.1.2　升降方向芯片分拣臂振动对芯片排列误差影响分析

芯片分拣臂拾取和放置芯片过程中，其芯片分拣臂升降运动和顶针运动不直接参与芯片排列各误差项的传递，但芯片分拣臂结构运行振动将会影响芯片分拣臂末端吸嘴对芯片的拾取效果。芯片分拣臂运行过程中的芯片分拣臂结构振动将使得芯片分拣臂末端吸嘴偏离正常工作状态，造成吸嘴吸取芯片的吸力过小，这容易引起芯片吸取失败或偏移。因此，芯片拾取状态不稳定时，芯片易发生丢芯片现象，或者在放置芯片时引起芯片排列误差过大。

考虑芯片剥离过程中，吸嘴对芯片拾取的吸附力由真空产生。吸附力 F_p 可由真空负压 p 与吸嘴与芯片实际接触面积 S 两者决定，可表示为 $F_p = p \cdot S$。

故影响吸嘴拾取芯片过程正常工作的影响因素有如下两点：

(1)吸嘴对芯片吸附力太小，这由系统本身气路因素造成，如管路真空负压未达到要求。芯片分拣臂运行结构振动对此因素无影响，其原因是工作过程中存在真空泵提供压力不够、气管破裂、吸嘴破裂等因素引起。

(2)吸嘴与芯片接触实际面积过小，该影响因素与芯片拾取和放置过程的芯片分拣臂结构运行振动相关，芯片分拣臂振动影响吸嘴吸附芯片有三种情况：芯片拾取过程和放置过程中位于芯片分拣臂末端的吸嘴如果偏离设定中心过大，如图9-4(a)所示；吸嘴升降偏移量过大，如图9-4(b)所示；吸嘴振动频率过大，如图9-4(c)所示。

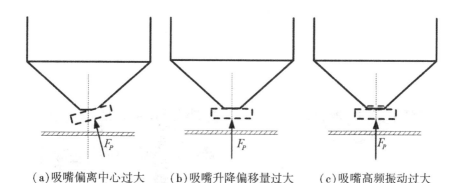

(a)吸嘴偏离中心过大　　(b)吸嘴升降偏移量过大　　(c)吸嘴高频振动过大

图9-4　吸嘴与芯片接触面积过小示意图

9.1.3　芯片排列误差检测实验方法

基于芯片分拣臂结构振动与芯片拾取和放置排列误差的相关分析，需要在工作过程中进行芯片的拾取和放置精度实验,从而给出芯片分拣臂实际工作过程的芯片排列误差与芯片分拣臂振动相关特性。如图 9-5 所示,实验中芯片拾取和放置的排列误差的检测采用图像视觉分析方法,实验装置为美国 SVSi 公司的 GigaView 系列高速相机,拍摄速率设定为 532fps,可达到 1280×1024 的分辨率。在实验中,芯片拾取的时间设定为 48ms。由于拍摄频率与相机分辨率成反比,为进行高频拍摄,相机选用较低的分辨率,实验中相机拍摄速率为 1000fps,相机分辨率为 720×480,实验条件具体如表 9-1 所示。

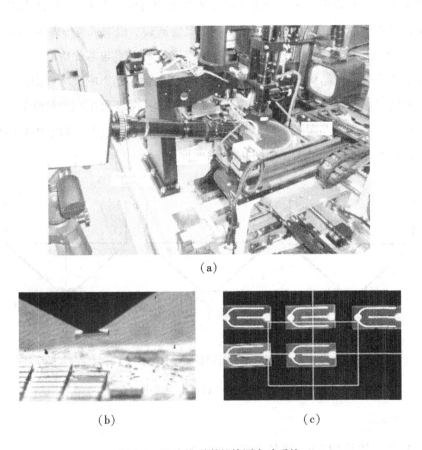

(a)

(b)　　　　　　　　　　　　(c)

图 9-5　芯片排列误差检测实验系统

表 9-1 排列误差检测实验条件

项　目	规　格
高速摄像机	SVSI GIGAVIEW 40173
拍摄速率	1000fps
拍摄分辨率	720×480
芯片尺寸	12mil×28mil
顶针尖直径	75μm
吸嘴孔直径	200μm

对于芯片排列误差的检测，首先需要进行视觉软件的空间校准，然后分别跟踪吸嘴与芯片，获得二者的运动轨迹，从而获得芯片分拣臂末端吸嘴及芯片的相对位移，同时可使用角度测量工具测量图像中芯片分拣臂末端吸嘴与芯片之间的夹角。在芯片拾取和放置实验中，采用高速相机从水平方向拍摄芯片分拣臂末端吸嘴吸附芯片的高速过程，从而识别芯片分拣臂末端吸嘴吸取芯片过程中吸嘴、芯片和顶针的相关运动特征。芯片拾取实验中，选取三个关键时刻：吸嘴下压芯片时刻、顶针顶起芯片时刻和吸嘴拾取芯片时刻。拍摄图像可准确辨识芯片拾取过程，能反映出位于芯片分拣臂末端吸嘴不同形位特征对芯片吸附状态的影响，表 9-2 给出了实验过程中出现的 X 向偏移所对应的芯片拾取状态：吸嘴下压芯片时刻、顶针顶起芯片时刻和吸嘴拾取芯片时刻吸嘴、芯片和顶针状态。

芯片拾取和放置实验中的排列误差信息可由图像辨识模块基于设定的坐标系给出，该信息包含芯片排列的线性误差和角度误差。芯片排列误差实验中，设定分选芯片的数目为 3000 颗，分选工作频率为 5Hz。

表 9-2　芯片拾取实验过程

实验条件	吸嘴下压芯片	顶针顶起芯片	吸嘴拾取芯片
吸嘴无偏差	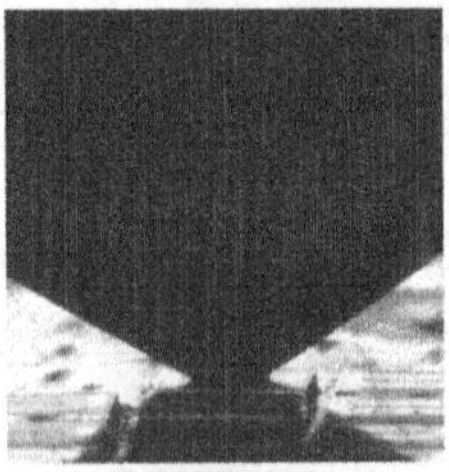		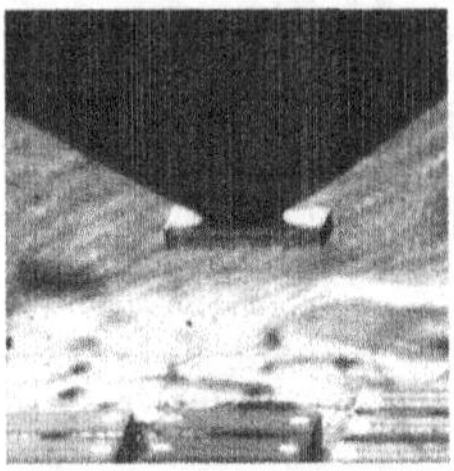
吸嘴 X 方向偏差 100 微米	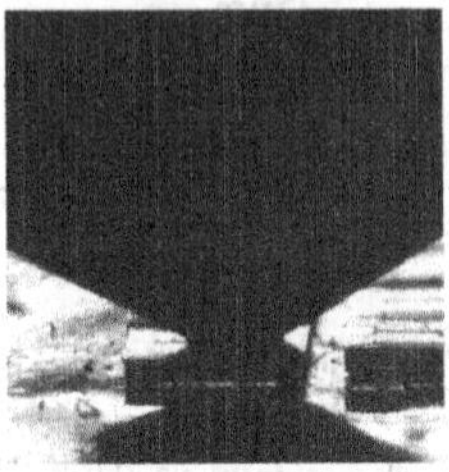		
吸嘴 X 方向偏差 200 微米	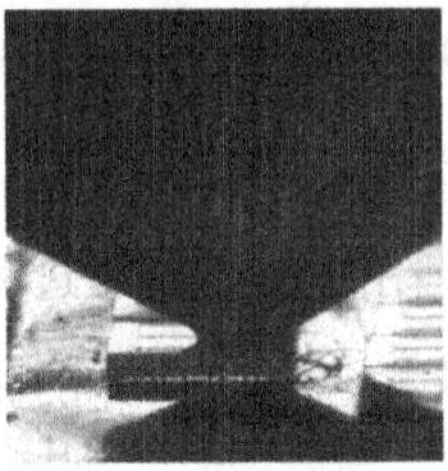	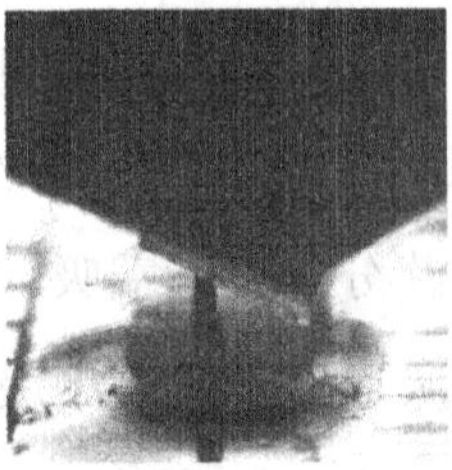	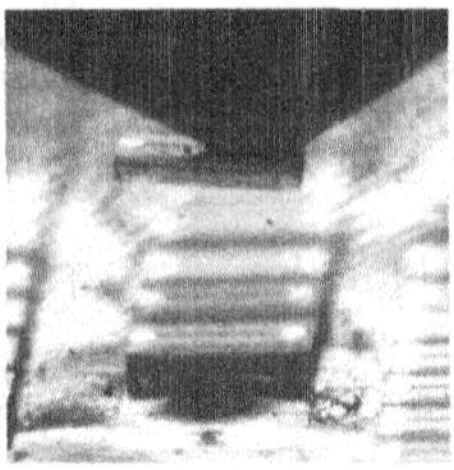

　　视觉检测模块得到的芯片 X 向和 Y 向的排列误差的频率分布如图 9-6 所示，图 9-7 为芯片角度偏差分布图。基于 9.1.1 节的误差分析可知，芯片 X 方向与 Y 方向上的排列误差主要由芯片分拣臂的横向误差引起，其中横向误差对芯片 X 方向上的排列误差的影响较小，对芯片 Y 方向上的排列误差的影响相对较大任何一点的横向误差会被大比例地放大，且 Y 向误差的放大倍数与芯片分拣臂长度相关。图 9-6(a) 和图 9-6(b) 分别为芯片排列的 X 向和 Y 向误差分布，由图可知对于芯片分拣臂 X 向与 Y 向上的误差分布，其中 X 向误差在 25 微米以内，芯片分拣臂的横向误差波动对 X 向误差影响作用较小，芯片分拣臂 Y 向芯片排列误差与 X 向排列误差相当，芯

片分拣臂的横向误差波动并没有在该方向引起较大误差。与图 9-6 相比，图 9-7 所示芯片排列角度方向误差出现不一样的分布规律，该误差分布图中出现了双峰值。通常，如果各个误差影响因素都具有随机特性，误差分布应近似为正态分布，但该芯片角度分布出现分叉，因此该实验结果表明，芯片分拣臂机构存在某个确定性因素会影响芯片分拣臂的排列精度。

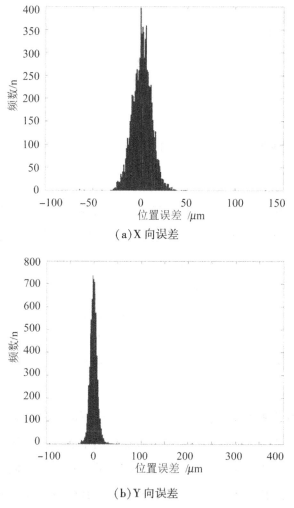

（a）X 向误差

（b）Y 向误差

图 9-6　工作频率 5 赫兹下芯片排列 X 和 Y 方向线性误差频率分布图

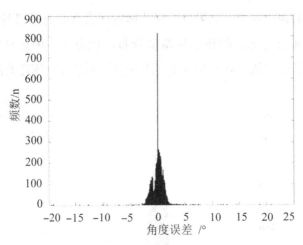

图 9-7　工作频率 5 赫兹下芯片排列角度误差频率分布图

　　为进一步确定芯片分拣臂排列精度的影响因素，将分选机的工作频率提高至 10Hz 进行芯片分选检测，芯片的排列误差实验设定芯片的分选数目为 3000 颗。芯片排列误差结果显示 X 向芯片排列误差与 Y 向芯片排列误差相对于 5Hz 工作频率下的误差频率分布变化不显著，而角度方向的变化存在一定差异。图 9-8 为 10Hz 工作频率下的芯片角度排列误差频率分布图，对比图 9-7 可知，当工作频率升高，高频工作条件下角度误差分布较低频条件分布不集中，说明芯片分拣臂高频运动冲击对芯片的排列误差影响更大。

　　由第五章分析可知，芯片分拣臂运动状态下的冲击将会使芯片分拣臂产生振动，芯片分拣臂的振动会使得吸嘴偏离中心位置，从而影响芯片的分选精度。对于 5Hz 工作频率，芯片分拣臂的运动速度较低，运动冲击相对较小，此时芯片分拣臂的振动幅值较小，芯片的排列误差相对较小。而 10Hz 工作频率下，芯片分拣臂的运动速度较大，运动冲击相对较大，此时芯片分拣臂的振动幅值较大，因此芯片的排列误差相对较大。故需要针对芯片分拣臂结构形式和芯片分拣臂工作时序抑制运行状态下芯片分拣臂的振动，从而基于芯片分拣臂高、低频段的结构响应分析来提高 LED 芯片分选机芯片排列精度和工作效率。

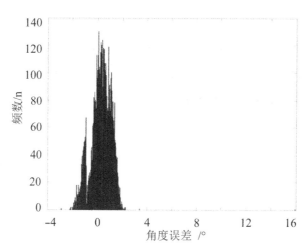

图 9-8　工作频率 10Hz 下芯片排列角度误差频率分布图

9.2　高频往复运动下的芯片分拣臂结构抑振方式研究

9.2.1　芯片分拣臂的加减速运动控制抑振方式

　　基于第五章芯片分拣臂结构的响应分析可知，芯片分拣臂拾取和放置芯片过程中，芯片分拣臂结构响应特征与静态下存在很大区别，芯片分拣臂工作激励特征决定芯片分拣臂振动响应特征。芯片分拣臂高频往复运行过程中，芯片分拣臂的启停冲击与芯片分拣臂结构高、低频段响应幅值显著相关，并且芯片分拣臂低频段响应谱线峰值随工作频率成线性增长关系。故芯片分拣臂运行过程冲击控制是抑制芯片分拣臂结构振动的重要环节。

　　对于高频往复运行的芯片分拣臂，芯片分拣臂拾取和放置动作的快速定位要求，将引入较大的惯性冲击，而由第四章研究结果可知运行引入的惯性冲击对芯片分拣臂结构的高、低频段响应都存在显著影响。本节采用运动指令柔性加减速设计方法，降低芯片分拣臂机构高频运行引入的惯性冲击。

芯片分拣臂机构的机械部分由联轴器、轴承以及芯片分拣臂三部分构成。芯片分拣臂机构谐振系统方框图如图9-9所示。图中定义电机的转子惯量为J_M，联轴器的惯量为J_L，整个负载弹性系数为K_R，连接器扭转转矩为T_R。系统的转黏滞系数为B_s，取负载转矩$T_L = 0$。

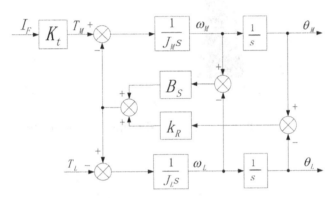

图9-9 芯片分拣臂机构谐振系统方框图

由系统框图可得电流输入至电机输出轴的角速度传递函数为：

$$G_1(s) = \frac{k_t}{J_M s} \cdot \frac{s^2 + B_s s + \omega_a^2}{s^2 + \omega_s s + \omega_r^2} \tag{9-7}$$

公式(9-7)中，ω_r与ω_a分别为系统谐振角频率与反谐振角频率，K_t为力矩系数。设惯量比$H = J_M/J_L$，则可得到公式(9-8)：

$$\omega_r = \sqrt{\frac{k_R}{J_M}\left(1 + \frac{1}{H}\right)} \quad \omega_a = \sqrt{\frac{k_R}{H J_M}} \quad \omega_s = \sqrt{\frac{B_s}{J_M}\left(1 + \frac{1}{J_M}\right)} \tag{9-8}$$

因为芯片分拣臂结构高、低频段的振动与芯片分拣臂高频往复冲击相关，旋转往复运动过程中的高加减速引入部件惯性冲击造成芯片分拣臂结构多阶高低频段振动。为降低往复运行引入的惯性冲击激励，运行速度指令采用 S 型加减速设计方案，以减小芯片分拣臂结构往复运行过程引入的惯性冲击，曲线函数如公式(9-9)所示：

$$a(t)=\begin{cases} \dfrac{a_m}{t_s}t & 0\leq t<t_s \\[2mm] a_m & t_s\leq t<(t_a-t_s) \\[2mm] \dfrac{a_m}{t_s}(t_a-t) & (t_a-t_s)\leq t<t_a \\[2mm] \dfrac{a_m}{t_s}(t-t_a) & t_a\leq t<(t_a+t_s) \\[2mm] -a_m & (t_a+t_s)\leq t<(2t_a-t_s) \\[2mm] \dfrac{a_m}{t_s}(2t_a-t) & (2t_a-t_s)\leq t<2t_a \end{cases} \tag{9-9}$$

将芯片分拣臂速度轮廓曲线按照图 9-10 中 S 形加减速方式设计，加速度可在整个运动过程中保持连续，无加速度突变造成的冲击，且在启动和停止段加速度变化缓慢。减小停止时的加速度，提高定位精度。

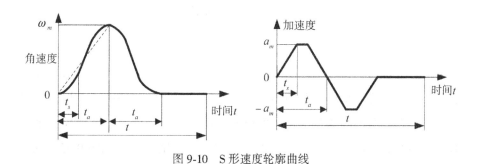

图 9-10 S 形速度轮廓曲线

图 9-11 为芯片分拣臂高速运动控制平台实验系统。系统完成运动控制卡设置，控制伺服电机驱动芯片分拣臂机构往复运行，同时提取控制位移和速度量。电机的额定功率为 1.3kW，其额定转速为 1500r/min，转子的

转动惯量为 $19.9 \times 10^{-4} \mathrm{kg \cdot m^2}$，电阻为 $R = 0.26\Omega$，电感为 $L = 4.01 \mathrm{mH}$，轴端编码器分辨率 20 位，芯片分拣臂运动时序设定为 55ms，停 45ms，芯片分拣臂 180° 往复运动。

图 9-11　芯片分拣臂高速定位实验平台

　　芯片分拣臂往复运动控制中，为实现高系统响应速度和增强系统抗干扰能力，通过提高伺服控制中的速度环增益参数和位置环增益参数，同时减小速度环积分时间常数。在速度环控制模式实验分析中，分别选择速度环 PI 模式和 IP 模式，按照定位误差设定要求，试验结果如图 9-12 所示。从图中可看出，速度环 IP 控制模式可实现无超调，相应引入的冲击较小，在系统稳定时间方面影响较小，两种方式相差 1 毫秒，芯片分拣臂稳定误差波动方面速度环 IP 控制模式误差波动比 PI 模式的误差波动延长大约 2 脉冲，上述实验表明在调整过程中，机械谐振以及系统延迟因素使得芯片分拣臂运行过程容易变得不稳定产生振动。

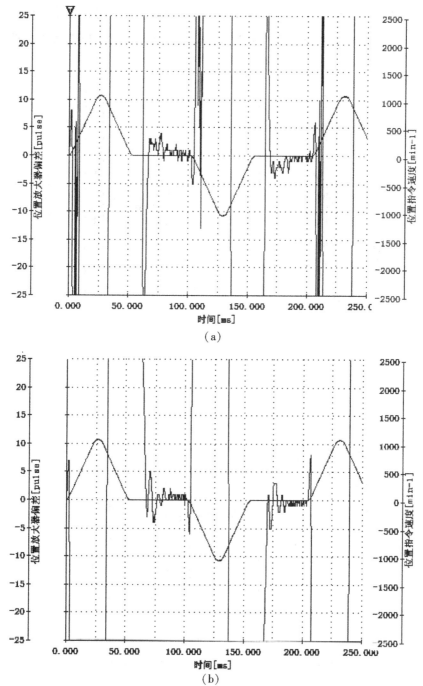

图 9-12 速度环 PI/IP 控制最终精度曲线 (a)速度环 PI 控制 (b)速度环 IP 控制

　　S 形速度曲线设定下的部件运行冲击实验给出了 S 形速度指令曲线和非 S 形速度指令曲线运行下的芯片分拣臂振动响应，图 9-13 为实验分析结

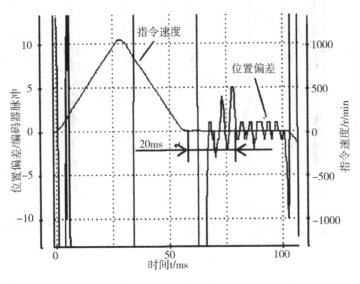

（a）非 S 形曲线

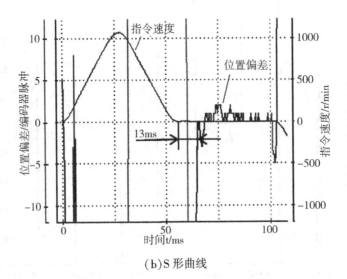

（b）S 形曲线

图 9-13　S 形与非 S 形速度轮廓曲线定位效果对比

果。由图可知，非 S 形速度轮廓曲线设定下的芯片分拣臂运行过程整定时间 20ms，而带有 S 形速度轮廓曲线设定下的芯片分拣臂运行过程中的整定时间有较大幅度降低，只需 13ms。显然芯片分拣臂控制过程对速度指令进行 S 形设计可有效抑制芯片分拣臂运行过程中芯片分拣臂的振动，也提升了芯片分拣臂定位快速性。

考虑芯片分拣臂运行控制环节引入的高频成分对芯片分拣臂结构振动的影响，采用低通滤波器进行高频输入的抑制，不同滤波时间常数条件下的电机的定位精度如图 9-14 所示。由图知，当设定较小的滤波时间参数时，滤波器时间由 0.16ms 变为 0.66ms 时，芯片分拣臂运行超调量显著减小，相应芯片分拣臂运行振动将可得到有效抑制，而芯片分拣臂定位精度也有提升，且稳定时间缩短。

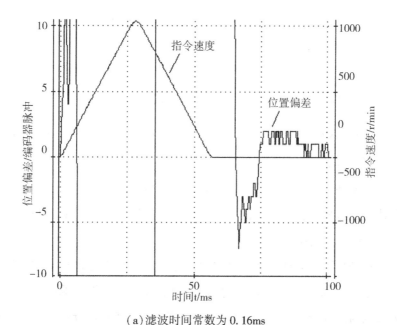

（a）滤波时间常数为 0.16ms

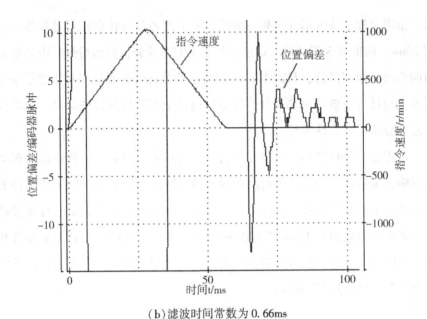

（b）滤波时间常数为 0.66ms

图 9-14　不同低通滤波器时间常数定位效果对比

9.2.2　芯片分拣臂的变工作时序抑振方式

对于变结构形式引入的振动，是由芯片分拣臂机构工作过程中设定的工作时序决定的。由于各时序分段引入变结构冲击，故结构形式引入的芯片分拣臂振动可由芯片分拣臂机构运动部件各时序分段进行适当调整，控制芯片分拣臂各工作时序预留一定的稳定时间段，从而对上下和旋转方向上的振动响应进行振动抑制。

芯片分拣臂高频往复运行过程中，芯片分拣臂下降过程中的惯性冲击将引入芯片分拣臂结构振动，下降行程与芯片分拣臂振动响应相关。而各工艺参数与芯片分选成功率密切相关，同时影响到芯片分选的效率。在保证芯片分选成功率的前提下，需要找出最合适的工艺参数，尽可能提高芯片分选精度，降低芯片分拣臂结构振动的影响。

芯片分拣臂机构的设定指标中，芯片分拣臂运动时间 $T_{PPA} = 58ms$，芯

片分拣臂升降时间 $T_{\text{TipU}} = T_{\text{TipD}} = 20\text{ms}$，依此设计了电机的加速度曲线，进行芯片分选实验，实验所用芯片尺寸为 $12\ \text{mil} \times 24\text{mil}$，吸嘴孔直径为 $200\mu\text{m}$。

表 9-3 为芯片分拣臂末端吸嘴下压芯片高度 h_1 工艺参数对应的实验结果，在不改变其他参数的条件下，调整不同的下压高度，得到了不同的芯片分选结果。从表中可以看出，当 $h_1 < 50\mu\text{m}$ 时，丢片率较高，$h_1 \geq 50\mu\text{m}$ 后丢片率较低，大于 $50\mu\text{m}$ 的各高度均可作为吸嘴下压高度参数，但是吸嘴下压高度越大，引入的芯片分拣臂结构运行振动响应也越大，因此应在保证分选丢片率的前提下，尽可能取较小的值，在此我们选择 $h_1 = 50\mu\text{m}$。

表 9-3　吸嘴下压芯片高度工艺参数实验结果

组别	h_1 [μm]	h_2 [μm]	h_3 [μm]	T_{PPAS} [ms]	T_{P1} [ms]	T_{Ndl} [ms]	分选芯片数	分选速度 [ms/颗]	丢片数	丢片率[%]
1	0	480	250	0	2	0	384	104	5	1.30
2	30	480	250	0	2	0	403	104	4	0.99
3	50	480	250	0	2	0	642	104	0	0
4	80	480	250	0	2	0	745	104	0	0
5	100	480	250	0	2	0	638	104	0	0

吸嘴抬起高度越高，该过程中芯片分拣臂结构本身的振动将对芯片拾取不利，根据表 9-4 的结果，可选取 $h_3 = 250\mu\text{m}$。

芯片分拣臂到位停留时间为芯片分拣臂到位后定位调整的时间，该时间越长，芯片分拣臂定位调整精度越高，但是分选效率越低，从表 9-5 可以看出，芯片分拣臂到位停留时间加长对芯片分选丢片率并没有明显的影响，这是由于芯片分拣臂到位后开始下降，芯片分拣臂下降时间为 20ms，这在 20ms 内，芯片分拣臂旋转方向的振动会大幅衰减，所以芯片分拣臂到位停留时间对芯片分拣臂振动的衰减无明显效果，因此可选取 $T_{\text{PPAS}} = 0\text{ms}$。

表 9-4　吸嘴抬起中间高度工艺参数实验结果

组别	h_1 [μm]	h_2 [μm]	h_3 [μm]	T_{PPAS} [ms]	T_{P1} [ms]	T_{Ndl} [ms]	分选芯片数	分选速度 [ms/颗]	丢片数	丢片率[%]
1	50	480	200	0	2	0	511	104	0	0
2	50	480	250	0	2	0	642	104	0	0
3	50	480	300	0	2	0	515	104	2	0.39
4	50	480	350	0	2	0	548	104	2	0.36
5	50	480	400	0	2	0	522	104	5	0.96

表 9-5　芯片分拣臂到位停留时间工艺参数实验结果

组别	h_1 [μm]	h_2 [μm]	h_3 [μm]	T_{PPAS} [ms]	T_{P1} [ms]	T_{Ndl} [ms]	分选芯片数	分选速度 [ms/颗]	丢片数	丢片率[%]
1	50	480	250	0	2	0	642	104	0	0
2	50	480	250	2	2	0	480	105	0	0
3	50	480	250	4	2	0	542	108	3	0.55
4	50	480	250	6	2	0	501	112	0	0

　　吸嘴吸取芯片停留时间为芯片分拣臂下降使吸嘴下压芯片后的停留时间，该时间越长越有助于芯片分拣臂升降方向的振动衰减，但是也会降低芯片分选效率，从表 9-6 来看选取 $T_{P1}=2\text{ms}$，即可满足要求。

表 9-6　吸嘴拾取芯片停留时间工艺参数实验结果

组别	h_1 [μm]	h_2 [μm]	h_3 [μm]	T_{PPAS} [ms]	T_{P1} [ms]	T_{Ndl} [ms]	分选芯片数	分选速度 [ms/颗]	丢片数	丢片率[%]
1	50	480	250	0	0	0	422	100	4	0.95
2	50	480	250	0	2	0	642	104	0	0
3	50	480	250	0	4	0	482	107	1	0.21
4	50	480	250	0	6	0	512	112	0	0

9.2.3 芯片分拣臂电机控制函数的优化

芯片分拣臂的排列和拾取工作主要分为四步：第一步是芯片分拣臂在垂直方向向下移动抓取供给区域蓝膜上的芯片，紧接着在垂直方向向上移动，抬起芯片；第二步，芯片分拣臂在水平方向的旋转 180°；第三步，芯片分拣臂在垂直方向向下移动放置芯片在排列区域的蓝膜上；第四步，芯片分拣臂在垂直方向向上移动再次旋转返回供给区域蓝膜上方，如此周期往复的完成分选工作，由于芯片分拣臂采用双臂结构。因此，在一个周期内，芯片分拣臂结构完成两个芯片的抓取和排列动作，芯片分拣臂分选过程如图 9-15 所示。

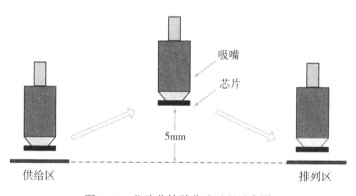

吸嘴
芯片
5mm
供给区
排列区

图 9-15　芯片分拣臂分选过程示意图

基于芯片分拣臂运行下末端振动的特点，末端的振动抑制需要对电机控制函数进行优化，达到满足既无刚性又无柔性的平稳冲击条件，本节编写五次多项式拟合 Heaviside 阶跃函数作为电机的转动控制函数。

采用 ADAMS 仿真软件中的五次多项式拟合 Heaviside 阶跃函数 STEP5，图 9-16 为 STEP5 函数示意图，可以看出加速度在整个运行过程中保持连续，无加速度突变造成的冲击，且在启动和停止段加速度

变化缓慢，运动轨迹既无刚性冲击又无柔性冲击，平稳光滑，STEP5
函数格式为①：

$$\text{STEP}(time,\ t_0,\ h_0,\ t_1,\ h_1)=$$

$$\begin{cases} h_0 & (time \leqslant t_0) \\[2ex] h_0+\left(\dfrac{time-t_0}{t_1-t_0}\right)^2 \cdot \left[3-2\times\left(\dfrac{time-t_0}{t_1-t_0}\right)\right](h_1-h_0) & (t_0 < time < t_1) \\[2ex] h_1 & (time \geqslant t_1) \end{cases} \quad (9\text{-}10)$$

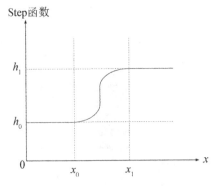

图 9-16　STEP5 函数示意图

公式(9-10)中，time 表示自变量，time 是时间的函数，t_0 表示自变量
的初始值，t_1 表示自变量的停止值，h_0 表示函数初始值，h_1 表示函数停止
值，它们可以是函数表达式也可以是常数。

芯片分拣臂电机控制函数为：

step(time, 20, 0d, 70, step(time, 120, 45d, 170, 0d))+step(time,
220, 0d, 270, step(time, 320, 45d, 370, 0d))

---

① Iliev A, Kyurkchiev N, Markov S. On the Approximation of the step function by some sigmoid functions [J]. Mathematics and Computers in Simulation, 2017, 133: 223-234.

下压电机的控制函数为：

step(time, 20, 0d, 40, step(time, 70, 90d, 90, 0d)) + step(time, 120, 0d, 140, step(time, 170, 90d, 190, 0d)) + step(time, 220, 0d, 240, step(time, 270, 90d, 290, 0d))

图 9-17 为五次多项式拟合 Heaviside 阶跃函数下的电机曲线，图 9-17 (a)为芯片分拣臂电机的角位移曲线图 9-17(b)为芯片分拣臂电机的速度曲线图 9-17(c)为芯片分拣臂电机的加速度曲线。

通过对旋转电机转动的控制函数进行控制，获得了改变旋转电机控制函数下芯片分拣臂末端的位移曲线，如图 9-18 所示。图中实曲线表示对电

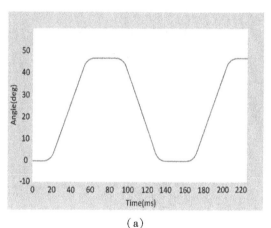

（a）

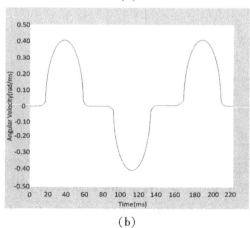

（b）

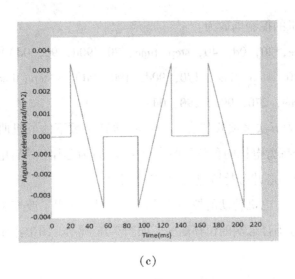

（c）

图 9-17　STEP5 函数曲线（a）角位移曲线

（b）速度曲线　（c）加速度曲线

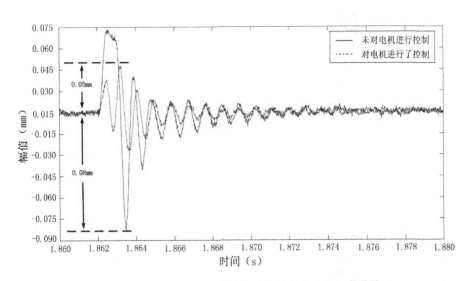

图 9-18　优化电机控制函数后芯片分拣臂末端的位移曲线

机控制函数采用五次多项式拟合 Heaviside 阶跃函数的芯片分拣臂末端的位移曲线，虚曲线表示未对电机控制函数进行改变。从图中可以看出，旋转电机的控制函数经过调整后，芯片分拣臂末端的冲击振动得到了明显的改善，最大振幅值由未优化前的 80μm 缩减到优化后的 50μm。由此可见，芯片分拣臂末端的振动得到了有效的抑制，增加了旋转过程中的稳定性。

同时，在低速(5Hz)和高速(10Hz)下，芯片分拣臂末端由形变最大衰减到零点附近分别用了 16.4ms、20.3ms。由于惯性作用芯片分拣臂结构端部达到的最大位移分别为 50μm、60μm，如图 9-19 所示。

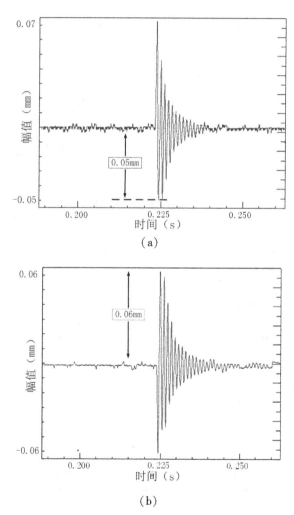

图 9-19　优化电机控制函数后芯片分拣臂末端的衰减曲线 (a)低速　(b)高速

9.3　芯片分拣臂振动抑制实验验证

9.3.1　低速下振动抑制验证

　　基于 9.2 节提出的芯片分拣臂运行振动抑制方法，进行芯片分拣臂振动抑制实验验证。通过芯片的拾取与放置，进行芯片排列误差分析，验证芯片分拣臂抑振方式的有效性，实验中用于测试的芯片数约5000 颗。

　　其中 3 次的测试结果如下：

　　测试 1：统计结果见表 9-7，排列误差分布曲线如图 9-20。

　　测试 2：统计结果见表 9-8，排列误差分布曲线如图 9-21。

　　测试 3：统计结果见表 9-9，排列误差分布曲线如图 9-22。

表 9-7　测试 1 结果统计

项目	测试结果
分拣芯片数	4708
单颗最大分拣速度	104ms/颗
分拣平均速度	140ms/颗
分拣合格率	99.70%
X 方向误差标准差	6.48
Y 方向误差标准差	5.73
角度方向误差标准差	0.81

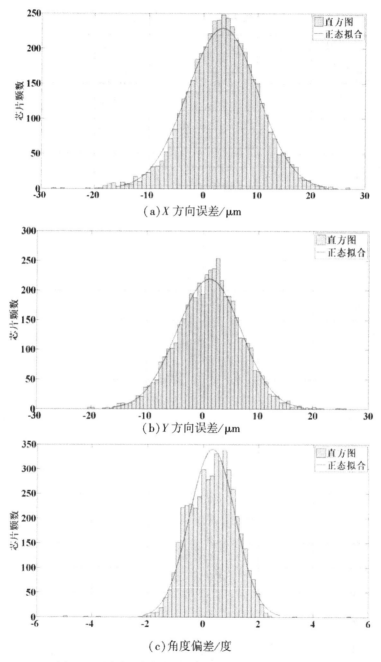

(a)X方向误差/μm

(b)Y方向误差/μm

(c)角度偏差/度

图 9-20　测试 1 各方向排列误差分布 (a)X方向误差
(b)Y方向误差　(c)角度方向误差

表9-8 测试2结果统计

项目	测试结果
分拣芯片数	4697
单颗最大分拣速度	104ms/颗
分拣平均速度	140ms/颗
分拣合格率	99.73%
X方向误差标准差	6.00
Y方向误差标准差	5.95
角度方向误差标准差	0.85

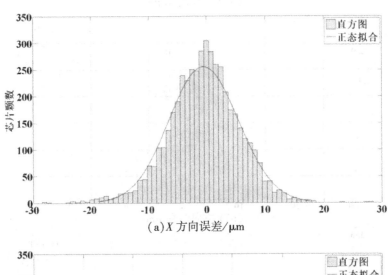

(a)X方向误差/μm

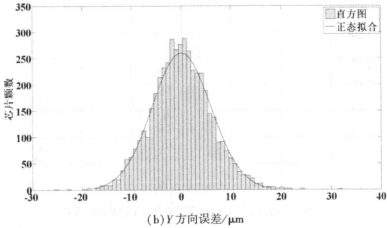

(b)Y方向误差/μm

图9-21 测试2各方向排列误差分布(1)

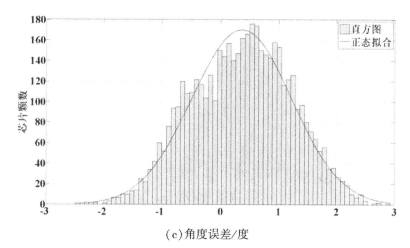

(c)角度误差/度

图 9-21 测试 2 各方向排列误差分布

(a)X 方向误差

(b)Y 方向误差

(c)角度方向误差

表 9-9 测试 3 结果统计

项目	测试结果
分拣芯片数	4693
单颗最大分拣速度	104ms/颗
分拣平均速度	140ms/颗
分拣合格率	99.36%
X 方向误差标准差	6.26
Y 方向误差标准差	7.34
角度方向误差标准差	0.85

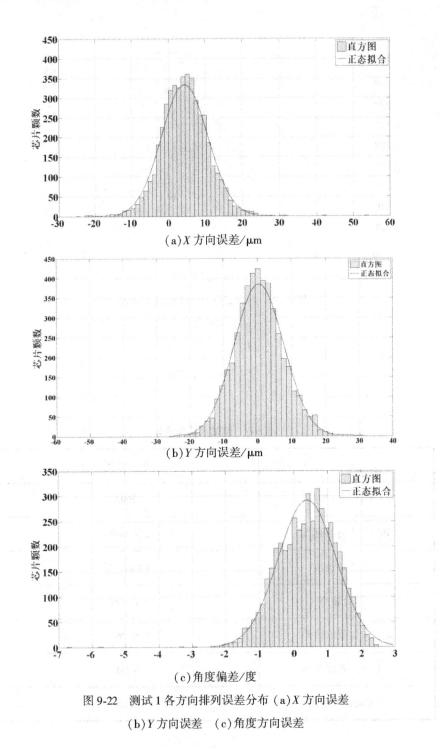

(a) X 方向误差/μm

(b) Y 方向误差/μm

(c) 角度偏差/度

图 9-22　测试 1 各方向排列误差分布　(a) X 方向误差

(b) Y 方向误差　(c) 角度方向误差

从以上三组测试数据来看，可以得到以下结果：

（1）由误差分布曲线可以看出，X方向线性误差、Y方向线性误差以及芯片排列角度误差均为典型的正态分布。未进行芯片分拣臂振动抑制之前，芯片排列的角度误差出现图9-7、图9-8所示的分叉，而进行振动抑制之后，芯片排列的角度误差没有出现分叉。这种实验结果说明，进过振动抑制之后，能够明显提高芯片分拣臂的分选精度。

（2）在进行振动抑制之后，分拣系统的最大单颗分拣速度约为104ms，接近设计的100ms要求，分拣合格率在99.3%以上，基本达到市场要求。

9.3.2 高速下振动抑制验证

芯片排列精度是衡量芯片分选及排列的重要性能指标，上一节对芯片分拣臂控制函数进行优化，测试结果表明芯片分拣臂末端的振动在进行优化后有了明显的改善。为了验证抑制方式的有效性，本节通过在分选机上进行分选约2600颗芯片的测试，采用多次采样取平均值的方式使得测试结果更加准确，芯片排列测试结果如表9-10所示，为了更清晰直观的表示，绘制芯片排列偏差分布图如表9-11，图中圆圈是偏差值的临界范围，超过临界值的认为此芯片分拣不合格，并计算到合格率中。

表9-10 芯片排列测试结果

项目	未优化	优化后	标准值
分拣芯片数	2561	2583	2600
单颗最大分拣速度	102ms/颗	100ms/颗	100ms/颗
分拣合格率	98.5%	99.34%	99.20%
X方向最大偏差	12 um	11 um	10um
Y方向最大偏差	16 um	14 um	10um
角度方向最大偏差	0.06°	0.06°	0.05°

表 9-11　芯片排列 *X*、*Y* 方向偏差及角度偏差

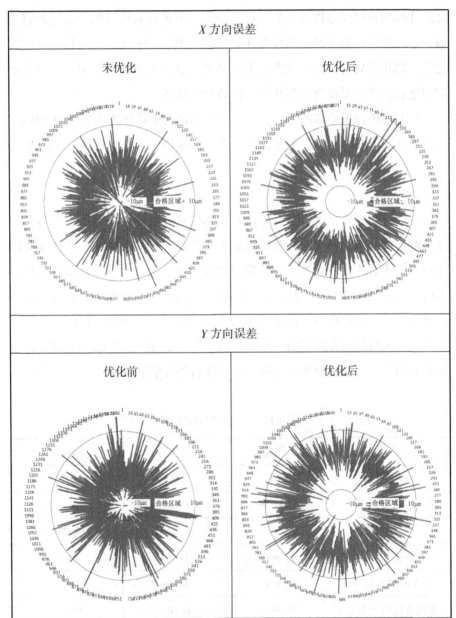

续表

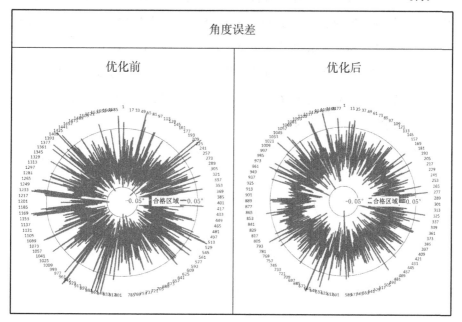

从表 9-10 可以看出，经过控制参数优化后，基本满足行业标准，单颗芯片的最大分拣速度由 102ms/颗增加到了 100ms/颗，达到行业上设备分拣速度 100ms 的要求。在芯片分拣合格率方面，由 98.5% 增加到了 99.34%，超过分拣合格率行业 99.20% 的要求。但是，在 X、Y 方向和角度方向的最大排列偏差均大于 $10\mu m$。因此，后续的研究应关注于在保证分拣合格率的前提下，减小在方向和角度上的最大排列偏差。

9.4 本 章 小 结

本章针对 LED 芯片分选机的工作参数和机构运行过程中的变结构形式，给出芯片分拣臂结构振动与芯片定位误差之间的关系，指出芯片分拣臂结构振动与分选机工作精度之间的相关特性，进而基于芯片分拣臂运行结构振动特性，进行芯片分拣臂机构运行控制优化。分析芯片分拣臂多阶频段响应的不同运行冲击特性，从分选机工作时序设置方面进行分选机运行参数优化,用以缩短芯片分拣臂运行振动衰减时间抑制振动以及提供工作效率的目的。同时,进行了 LED 芯片分选机在线芯片精度检测,实验验证芯片分拣臂结构形式和芯片分拣臂工作时序相应的芯片分拣臂运行振动抑制方法,实验结果表明芯片分拣臂机构运行过程变结构形式引入激励和芯片分拣臂机构运行工作频率引入激励被有效控制,提高了 LED 芯片分选机芯片排列精度和工作效率。

第 10 章
总结与展望

10.1　工作总结

　　高频运行轻质结构在运行过程中通常伴随着快速启停、短距、多自由度等运动，这类结构具有较高的运行频率和加速度。因此，这类机构运行过程中的惯性振动直接影响终端的准确定位，增加了定位时间，降低工作效率。有效的抑制高频轻质结构在运行过程中的振动直接关系到定位精度的提升，然而，抑制结构振动的前提是获取结构在运行状态下的动态特性，高频运行轻质结构各部件之间结合方式往往比较复杂，难以建立准确的动力学模型。目前，因为高频下常规加速度传感器难以安装，即使能安装，传感器的附加质量也改变了结构的特性，从而影响实验结果的准确性，传统的实验模态分析方法难以运用，没有一种有效的测试方法能够准确获取高频往复运行下轻质结构的振动响应。本书以芯片分选机分拣臂系统作为高频运行轻质结构的代表，对其动力学分析相关内容进行了大量的研究。针对高频运行下轻质结构的动力学特性参数难以有效获取的问题，本书围绕分选机敏感部件的识别、工作模态参数的辨识、旋转轴轴心的运动轨迹的获取、分拣臂末端定位振动的抑制以及面向芯片的分拣测试方面进行实验研究。本书的主要研究内容有：

　　(1)研究了如何准确识别机械结构中较薄弱的组件，从而有针对性的对机械系统振动特性进行研究。本书采用改进的基于遗传规划的符号回归方法辨识多组件机械系统的薄弱组件。从五自由度弹簧-阻尼系统中出发，通过一组变量(包括位移、速度、加速度和激励力)搜索到振动系统的方程表达式及其系数(即质量矩阵)，然后通过计算得到系统的模态质量矩阵，进而得到系统的薄弱环节。最后，将该方法用于辨识分拣臂结构的薄弱组件上，量化结构的薄弱特性。该方法相比于传统的回归算法得到的拟合函数更精确，提升数据结果的准确性。

(2)针对现有的动力学分析方法无法准确获得轻质结构在高频运行情况下的模态参数，考虑到应变计具有附加质量小、附加刚度低以及低频性能优的特点。本书将实验模态分析法和应变模态分析法相结合，提出静态下的基于应变响应的位移模态参数简便辨识方法；同时，将工作模态分析法和应变模态分析法结合，提出运行下的基于应变响应的位移模态参数简便辨识方法。在不同约束状态下对简单梁结构进行应变模态测试和传统模态测试，验证了实验应变模态分析的可靠性。同时，掌握了不同约束下简单梁结构位移振型和应变振型的对应关系，对于简单的被测结构，还可以通过应变振型来推断其位移振型。此外，采用该方法分析分拣臂在工作运行下的实时振动信号，将辨识结果与有限元法分析的结果进行对比，结果表明获取的模态参数一致性很高。该方法简化了辨识位移模态参数繁琐的计算过程，缩减了实测分析的过程，解决了轻质、高频运行机构工作模态参数难以获取的问题。

(3)机械结构在静态和动态下因动力学参数的变化导致动态特性存在差异，模态试验中会产生很多的数据，不同个体测量的数据以及不同批次测试的数据都会存在微小的差异，在选取模态参数的时候需要人工参与，如何从这些数据中准确辨识结构运行过程中的动力学特性参数就成了目前研究的难点。本章将工作模态分析方法和粒子群优化算法结合起来，基于多组分拣臂运行状态下实测数据，对频率响应函数公式进行了简化，对目标函数进行了重新设计，采用群体智能算法实现自动筛选和获取分拣臂运行状态下的工作模态参数，提升辨识结果的准确性。

(4)研究了分选机系统旋转轴的扭转振动对分拣臂终端振动的影响，

分为两个方面。一方面，利用谐波小波变换对分拣臂系统旋转轴的不平衡性进行分析，通过倍频的谐波小波提纯，获得了更加清晰的轴心轨迹，通过实验说明，利用谐波小波进行轴心轨迹提纯可以取得良好的效果。另一方面，运用有限元仿真建立了旋转轴系的有限元模型，求解了旋转轴的模态频率及振型，分析扭转振动对旋转轴的影响。

（5）基于研究所得到的分拣臂系统在高频运行下的动力学特性和振动特性，采用调整运行激励的方式进行振动抑制，运用多体动力学分析技术对分拣臂旋转电机的控制函数进行优化设计，抑制了电机的冲击对分拣臂末端振动的影响。最后，通过进行大量的芯片排列精度重复性实验，有效的减小了 X、Y 方向及角度方向的排列偏差，验证该方法针对分拣臂结构运行振动抑制方法的可靠性，有效控制分拣臂结构高频运行下引入惯性冲击。

10.2　研究展望

高频往复运行机构动力学特性研究具有重大理论意义和实用价值。本书针对高频往复运行机构动力学分析方法进行了大量的研究，由于个人能力和水平有限，还有很多不足和发展空间。作者认为可以从以下几个方面进一步研究：

（1）研究采用新型光纤光栅传感器多点密集拾取振动响应，构建传感网络分析机构动力学特性；

（2）深入研究高频往复机构实际结构振动的非线性动力学特性；

（3）高频运行冲击下非线性动力学特征的多维度知识挖掘；

（4）针对柔性分选系统时序和空间分布特性，探究高频高精运动控制策略。

参 考 文 献

[1] 陈新，姜永军，谭宇韬. 面向电子封装装备制造的若干关键技术研究及应用[J]. 机械工程学报，2017(5)：181-189.

[2] 国家自然科学基金委员会工程与材料科学部. 机械工程学科发展战略报告：2011-2020[M]. 科学出版社，2010.

[3] 吴涛. LED 芯片检测分选装备国产化指日可待[J]. 中国科技财富，2010 (23)：26-29. 23.

[4] 王文杰. 中国 LED 产业发展研究[J]. 现代工业经济和信息化，2018，8 (7)：13-14.

[5] Black P, Swanson D, Badre-Alam A, et al. Rotary wing aircraft vibration control system with resonant inertial actuators：U. S. Patent Application 13/983, 463[P]. 2013-11-21.

[6] Worden K. Nonlinearity in structural dynamics：detection, identification and modelling[M]. CRC Press, 2019.

[7] Law M, Altintas Y, Phani A S. Rapid evaluation and optimization of machine tools with position-dependent stability[J]. International Journal of Machine Tools and Manufacture. 2013.

[8] Law M, Ihlenfeldt S, Wabner M, et al. Position-dependent dynamics and stability of serial-parallel kinematic machines[J]. CIRP Annals-Manufacturing Technology. 2013.

[9] Tian H, Li B, Liu H, et al. A new method of virtual material hypothesis-based dynamic modeling on fixed joint interface in machine tools[J]. Inter-

national Journal of Machine Tools and Manufacture. 2011, 51(3): 239-249.

[10] Quintana G, Ciurana J. Chatter in machining processes: A review[J]. International Journal of Machine Tools and Manufacture. 2011: 363-376.

[11] Altintas Y, Brecher C, Weck M, et al. Virtual machine tool[J]. CIRP Annals-Manufacturing Technology. 2005, 54(2): 115-138.

[12] Abdul Kadir A, Xu X, Hämmerle E. Virtual machine tools and virtual machining—A technological review [J]. Robotics and Computer-Integrated Manufacturing. 2011, 27(3): 494-508.

[13] Altintas Y. Analytical prediction of three dimensional chatter stability in milling[J]. JSME International Journal Series C. 2001, 44(3): 717-723.

[14] Siddhpura M, Paurobally R. A review of chatter vibration research in turning[J]. International Journal of Machine Tools and Manufacture. 2012: 27-47.

[15] Tobias S A, Fishwick W. The vibrations of radial-drilling machines under test and working conditions[J]. Proceedings of the Institution of Mechanical Engineers. 1956, 170(1): 232-264.

[16] 刘海涛, 赵万华. 基于广义加工空间概念的机床动态特性分析[J]. 机械工程学报. 2010(021): 54-60.

[17] Mao K, Li B, Wu J, et al. Stiffness influential factors-based dynamic modeling and its parameter identification method of fixed joints in machine tools[J]. International Journal of Machine Tools and Manufacture. 2010, 50(2): 156-164.

[18] 吕亚楠, 王立平, 关立文. 基于刚度组集的混联机床的静刚度分析与优化[J]. 清华大学学报: 自然科学版. 2008, 48(002): 180-183.

[19] Yu L, Chunshi L, Lieqian M, et al. Structural Optimization Method of Key Part of High Speed Machining Center[J]. Advances in Automation and Robotics, Vol. 2. 2012: 203-208.

[20] Albertelli P, Cau N, Bianchi G, et al. The effects of dynamic interaction

between machine tool subsystems on cutting process stability[J]. The International Journal of Advanced Manufacturing Technology. 2012: 1-10.

[21]Zaghbani I, Songmene V. Estimation of machine-tool dynamic parameters during machining operation through operational modal analysis[J]. International Journal of Machine Tools and Manufacture. 2009, 49(12): 947-957.

[22]泰佩尔 M. 韦克 K. 金属切削机床的动态特性[Z]. 机械出版社，1985.

[23]Hanna N H, Kwiatkowski A W. Identification of machine tool receptances by random force excitation[J]. International Journal of Machine Tool Design and Research. 1971, 11(4): 309-325.

[24]Pandit S M, Wu S M. Modeling and Analysis of Closed-Loop Systems from Operating Data[J]. Technometrics. 1977: 477-485.

[25]Burney F, Pandit S M, Wu S M. Stochastic approach to characterization of machine tool system dynamics under actual working conditions[J]. J. Eng. Ind. (Trans. ASME, B). 1976, 98(2): 614-619.

[26]Budak E, Tunc L T. Identification and modeling of process damping in turning and milling using a new approach[J]. CIRP Annals-Manufacturing Technology. 2010, 59(1): 403-408.

[27]Pan Z, Zhang H, Zhu Z, et al. Chatter analysis of robotic machining process[J]. Journal of materials processing technology. 2006, 173(3): 301-309.

[28]Zhang X J, Xiong C H, Ding Y, et al. Milling stability analysis with simultaneously considering the structural mode coupling effect and regenerative effect[J]. International Journal of Machine Tools and Manufacture. 2011: 127-140.

[29]Filiz S, Ozdoganlar O B. A three-dimensional model for the dynamics of micro-endmills including bending, torsional and axial vibrations[J]. Precision Engineering. 2011, 35(1): 24-37.

[30]Shi Y, Mahr F, von Wagner U, et al. Chatter frequencies of micro milling

processes: influencing factors and online detection via piezo actuators[J]. International Journal of Machine Tools and Manufacture. 2011(56): 10-16.

[31]Feng G H, Pan Y L. Investigation of ball screw preload variation based on dynamic modeling of a preload adjustable feed-drive system and spectrum a-nalysis of ball-nuts sensed vibration signals[J]. International Journal of Machine Tools and Manufacture. 2011(52): 85-96.

[32]Seguy S, Dessein G, Arnaud L. Surface roughness variation of thin wall milling, related to modal interactions[J]. International Journal of Machine Tools and Manufacture. 2008, 48(3): 261-274.

[33]罗筱英, 唐进元. 结构参数对砂轮主轴系统动态性能的影响水[J]. 机械工程学报. 2007, 1(3): 128-134.

[34]李明, 杨庆东. 五轴联动数控铣床的高速动态特性分析[J]. 北京机械工业学院学报. 2007, 22(4): 50-61.

[35]林剑峰, 马晓波, 李晖, 等. 数控机床动态特性测试与分析研究[J]. 机械制造. 2010(008): 5-9.

[36]Chen C S, Chen L Y. Cross-coupling position command shaping control in a multi-axis motion system[J]. Mechatronics. 2011, 21(3): 625-632.

[37]Altintas Y, Sencer B. High speed contouring control strategy for five-axis machine tools[J]. CIRP Annals-Manufacturing Technology. 2010, 59(1): 417-420.

[38]Koren Y, Lo C C. Variable-gain cross-coupling controller for contouring [J]. CIRP Annals-Manufacturing Technology. 1991, 40(1): 371-374.

[39]Gordon D J, Erkorkmaz K. Accurate control of ball screw drives using pole-placement vibration damping and a novel trajectory prefilter[J]. Precision Engineering. 2012.

[40]Cao Y, Altintas Y. Modeling of spindle-bearing and machine tool systems for virtual simulation of milling operations[J]. International Journal of Machine Tools and Manufacture. 2007, 47(9): 1342-1350.

[41] Li B, Cai H, Mao X, et al. Estimation of CNC machine-tool dynamic parameters based on random cutting excitation through operational modal analysis[J]. International Journal of Machine Tools and Manufacture. 2013, 71: 26-40.

[42] Allen M S, Chauhan S, Hansen M H. Advanced Operational Modal Analysis Methods for Linear Time Periodic System Identification[J]. Civil Engineering Topics, Volume 4. 2011: 31-44.

[43] Grillenbeck A, Dillinger S. Reliability of Experimental Modal Data Determined on Large Spaceflight Structures[J]. Advanced Aerospace Applications, Volume 1. 2011: 351-361.

[44] Brown D L, Allemang R J. Review of Spatial Domain Modal Parameter Estimation Procedures and Testing Methods. [J]. 2009.

[45] Brown D L, Witter M C. Review of Recent Developments in Multiple-Reference Impact Testing[J]. Sound and Vibration. 2011, 45(1): 8.

[46] Magalhães F, Cunha Á. Explaining operational modal analysis with data from an arch bridge[J]. Mechanical Systems and Signal Processing. 2011, 25(5): 1431-1450.

[47] Reynders E, Houbrechts J, De Roeck G. Fully automated (operational) modal analysis[J]. Mechanical Systems and Signal Processing. 2012.

[48] Chauhan S, Martell R, Allemang R J, et al. Unified Matrix Polynomial Approach for Operational Modal Analysis[C]. 2007.

[49] Jacobsen N J, Andersen P, Brincker R. Applications of Frequency Domain Curve-fitting in EFDD Technique[C]. 2008.

[50] Shih C Y, Tsuei Y G, Allemang R J, et al. Complex mode indication function and its applications to spatial domain parameter estimation[J]. Mechanical Systems and Signal Processing. 1988, 2(4): 367-377.

[51] Brincker R. Special issue on operational modal analysis[J]. Mechanical Systems and Signal Processing. 2010, 24: 1209-1212.

[52]Rodrigues J, Brincker R, Andersen P. Improvement of frequency domain output-only modal identification from the application of the random decrement technique[C]. 2004.

[53]Asmussen J C, Brincker R, Ibrahim S R. Statistical theory of the vector random decrement technique [J]. Journal of sound and vibration. 1999, 226(2): 329-344.

[54]Ibrahim R. Vibration assisted machining: Modelling, simulation, optimization, control and applications[J]. 2010.

[55]Ibrahim S R. Efficient random decrement computation for identification of ambient responses[C]. Society of Photo-Optical Instrumentation Engineers, 2001.

[56]Ibrahim S R. Random decrement technique for modal identification of structures[J]. Journal of Spacecraft and Rockets. 1977, 14(11): 696-700.

[57]Petsounis K A, Fassois S D. Parametric time-domain methods for the identification of vibrating structures—a critical comparison and assessment[J]. Mechanical Systems and Signal Processing. 2001, 15(6): 1031-1060.

[58]Tounsi N, Otho A. Identification of machine-tool-workpiece system dynamics[J]. International Journal of Machine Tools and Manufacture. 2000, 40 (9): 1367-1384.

[59]Gagnol V, Le T P, Ray P. Modal identification of spindle-tool unit in high speed machining[J]. Mechanical Systems and Signal Processing. 2011.

[60]Mane I, Gagnol V, Bouzgarrou B C, et al. Stability-based spindle speed control during flexible workpiece high-speed milling[J]. International journal of machine tools and manufacture. 2008, 48(2): 184-194.

[61]Kushnir E. Application of operational modal analysis to a machine tool testing[C]. Proceedings of IMECE04 2004 ASME International Mechanical Engineering Congress and Exposition November 13 -20, 2004, Anaheim, California USA, 2004.

[62] 金涛，王磊，陈卫星，等. 基于结合面特性及大型工件效应的超重型卧式镗车床整机动态特性分析[J]. 现代制造工程. 2012(12)：107-111.

[63] 闫蓉，潘文斌，彭芳瑜，等. 多轴加工工艺系统综合动刚度建模与性能分析[J]. 华中科技大学学报（自然科学版）. 2012, 11：000.

[64] 丁文政，黄筱调，汪木兰，等. 运动结合部的非线性对大型数控机床动力学特性的影响[J]. 南京工业大学学报（自然科学版）. 2012, 34(6)：112-116.

[65] Uriarte L, Zatarain M, Axinte D, et al. Machine tools for large parts[J]. CIRP Annals-Manufacturing Technology. 2013.

[66] Ertekin Y M, Kwon Y, Tseng T B. Identification of common sensory features for the control of CNC milling operations under varying cutting conditions[J]. International Journal of Machine Tools and Manufacture. 2003, 43(9)：897-904.

[67] Kim B S, Lee S H, Lee M G, et al. A comparative study on damage detection in speed-up and coast-down process of grinding spindle-typed rotor-bearing system [J]. Journal of Materials Processing Technology. 2007, 187：30-36.

[68] Spiridonakos M D, Fassois S D. Parametric identification of a time-varying structure based on vector vibration response measurements[J]. Mechanical Systems and Signal Processing. 2009, 23(6)：2029-2048.

[69] Mohanty P, Rixen D J. Operational modal analysis in the presence of harmonic excitation[J]. Journal of Sound and Vibration. 2004, 270(1)：93-109.

[70] Moore S M, Lai J, Shankar K. ARMAX modal parameter identification in the presence of unmeasured excitation—I: Theoretical background[J]. Mechanical systems and signal processing. 2007, 21(4)：1601-1615.

[71] Reynders E, Degrauwe D, Schevenels M, et al. OMAX testing of a steel bowstring footbridge[J]. Civil Engineering Topics, Volume 4. 2011：173-

182.

[72] De Sitter G, Guillaume P, Vanlanduit S, et al. Operational Acoustic Modal Analysis: Sensitivity-Based Mode Shape Normalisation[J]. Acta Acustica united with Acustica. 2008, 94(4): 580-587.

[73] Symens W, Van Brussel H, Swevers J. Gain-scheduling control of machine tools with varying structural flexibility [J]. CIRP Annals-Manufacturing Technology. 2004, 53(1): 321-324.

[74] Roshan-Ghias A, Shamsollahi M B, Mobed M, et al. Estimation of modal parameters using bilinear joint time-frequency distributions[J]. Mechanical systems and signal processing. 2007, 21(5): 2125-2136.

[75] Ghosh P K, Sreenivas T V. Time-varying filter interpretation of Fourier transform and its variants[J]. Signal processing. 2006, 86(11): 3258-3263.

[76] Yan B F, Miyamoto A, Brühwiler E. Wavelet transform-based modal parameter identification considering uncertainty[J]. Journal of Sound and Vibration. 2006, 291(1): 285-301.

[77] Xiuli D, Fengquan W. Modal identification based on Gaussian continuous time autoregressive moving average model[J]. Journal of Sound and Vibration. 2010, 329(20): 4294-4312.

[78] 续秀忠, 张志谊, 华宏星, 等. 应用时变参数建模方法辨识时变模态参数[J]. 航空学报. 2003, 24(3).

[79] 庞世伟, 于开平, 邹经湘. 用于线性时变系统辨识的固定长度平移窗投影估计递推子空间方法[J]. 机械工程学报. 2006, 41(10): 117-122.

[80] 赵永辉, 于开平, 邹经湘. 利用输出误差时间序列模型识别结构时变模态参数[J]. 航空学报. 2001, 22(3): 277-280.

[81] Kerschen G, Poncelet F, Golinval J C. Physical interpretation of independent component analysis in structural dynamics[J]. Mechanical Systems and Signal Processing. 2007, 21(4): 1561-1575.

[82] Kerschen G, Worden K, Vakakis A F, et al. Past, present and future of nonlinear system identification in structural dynamics[J]. Mechanical Systems and Signal Processing. 2006, 20(3): 505-592.

[83] Bearee R, Barre P J, Bloch S. Influence of high-speed machine tool control parameters on the contouring accuracy. Application to linear and circular interpolation[J]. Journal of Intelligent and Robotic Systems. 2004, 40 (3): 321-342.

[84] Barre P J, Bearee R, Borne P, et al. Influence of a jerk controlled movement law on the vibratory behaviour of high-dynamics systems[J]. Journal of Intelligent and Robotic Systems. 2005, 42(3): 275-293.

[85] Franklin G F, Powell J D, Emami-Naeini A. Feedback control of dynamic systems[M]. Prentice Hall Press, 2014.

[86] Westervelt E R, Grizzle J W, Chevallereau C, et al. Feedback control of dynamic bipedal robot locomotion[M]. CRC press, 2018.

[87] Altintas Y, Khoshdarregi M R. Contour error control of CNC machine tools with vibration avoidance [J]. CIRP Annals-Manufacturing Technology. 2012: 335-338.

[88] Pelaez G, Pelaez G, Perez J M, et al. Input shaping reference commands for trajectory following Cartesian machines[J]. Control engineering practice. 2005, 13(8): 941-958.

[89] Koenigsberger F, Tlusty J. Machine tool structures[M]. Elsevier, 2016.

[90] Paijmans B, Symens W, Van Brussel H, et al. A gain-scheduling-control technique for mechatronic systems with position-dependent dynamics [C]. IEEE, 2006: 6 pp.

[91] Sekler P, Voß M, Verl A. Model-based calculation of the system behavior of machine structures on the control device for vibration avoidance[J]. The International Journal of Advanced Manufacturing Technology. 2012, 58 (9): 1087-1095.

［92］Da Silva M M，Brüls O，Swevers J，et al. Computer-aided integrated design for machines with varying dynamics［J］. Mechanism and Machine Theory. 2009，44(9)：1733-1745.

［93］曹婷. 高频双钢轮振动压路机液压系统特性与柔性启动技术探讨［D］. 长安大学，2013.

［94］Ostasevicius V，Ubartas M，Gaidys R，et al. Numerical-experimental identification of the most effective dynamic operation mode of a vibration drilling tool for improved cutting performance［J］. Journal of Sound and Vibration. 2012. (331)：5175-5190.

［95］Ostasevicius V，Gaidys R，Rimkeviciene J，et al. An approach based on tool mode control for surface roughness reduction in high-frequency vibration cutting［J］. Journal of Sound and Vibration. 2010，329(23)：4866-4879.

［96］Mascardelli B A，Park S S，Freiheit T. Substructure coupling of microend mills to aid in the suppression of chatter［J］. Journal of manufacturing science and engineering. 2008，130(1)：303-309.

［97］Jorgensen B R，Shin Y C. Dynamics of spindle-bearing systems at high speeds including cutting load effects［J］. Journal of Manufacturing Science and Engineering. 1998，120(2)：387-394.

［98］陈丹丹，李斌，冯志壮. 基于面内充气筋的悬臂结构振动控制实验研究［J］. 科学技术与工程，2014，14(16)：316-320.

［99］宋哲，陈文卿，徐志伟. 基于神经网络的悬臂梁在线辨识与振动主动控制［J］. 振动与冲击，2013，32(21)：204-208.

［100］吕书锋. 轴向可伸展悬臂板的非线性振动特性研究［C］. 第十届动力学与控制学术会议摘要集. 中国力学学会动力学与控制专业委员会：中国力学学会，2016：2.

［101］刘利军，张志谊，杜冬，华宏星. 作定轴转动悬臂板的动力学建模及其动态特性分析［J］. 机械科学与技术，2009，28(09)：1153-1156.

［102］高林，王辉，王轩，聂宏. 带有充液容器的压电悬臂结构系统振动特

性建模研究[J]. 科技视界, 2017(4): 6-7.

[103] 魏要强. 基于空运行激励的数控机床结构实验模态分析新方法[D]. 华中科技大学, 2010.

[104] 卢艺扬. 数控机床自激励的激励信号特性研究[D]. 华中科技大学, 2008.

[105] 魏要强, 李斌, 毛新勇, 毛宽民. 数控机床运行激励实验模态分析[J]. 华中科技大学学报(自然科学版), 2011, 39(06): 79-82.

[106] Li B, Luo B, Mao X, et al. A new approach to identifying the dynamic behavior of CNC machine tools with respect to different worktable feed speeds[J]. International Journal of Machine Tools and Manufacture, 2013, 72: 73-84.

[107] Mao X, Luo B, Li B, et al. An approach for measuring the FRF of machine tool structure without knowing any input force[J]. International Journal of Machine Tools and Manufacture, 2014, 86: 62-67.

[108] 张文革, 杨慧新, 王世军. 结合部法向黏弹性性质及有限元模型[J]. 机床与液压, 2017, (19): 57-60.

[109] Bąk P A, Jemielniak K. Automatic experimental modal analysis of milling machine tool spindles[J]. Proceedings of the Institution of Mechanical Engineers, Part B: Journal of Engineering Manufacture, 2016, 230(9): 1673-1683.

[110] Schwarz B J, Richardson M H. Experimental modal analysis[J]. CSI Reliability week, 1999, 35(1): 1-12.

[111] Maia N M M, Silva J M M. Modal analysis identification techniques[J]. Philosophical Transactions of the Royal Society of London. Series A: Mathematical, Physical and Engineering Sciences, 2001, 359(1778): 29-40.

[112] Cunha A, Caetano E. Experimental modal analysis of civil engineering structures[J]. 2006.

[113] Weck M, Teipel K. Dynamisches Verhalten spanender Werkzeugmaschinen: Einflußgrößen, Beurteilungsverfahren, Meßtechnik [M]. Springer, 1977.

[114] 罗博. 基于自激励的数控机床变结构模态分析方法[D]. 华中科技大学, 2014.

[115] 蔡辉. 基于响应的机床切削自激励与动力学参数识别方法研究[D]. 华中科技大学, 2015.

[116] Hung J P, Lai Y L, Lin C Y, et al. Modeling the machining stability of a vertical milling machine under the influence of the preloaded linear guide [J]. International Journal of Machine Tools and Manufacture. 2011, 51 (9): 731-739.

[117] Chauhan S, Hansen M H, Tcherniak D. Application of operational modal analysis and blind source separation/independent component analysis techniques to wind turbines[C]. Proceedings of XXVII International Modal Analysis Conference, Orlando (FL), USA. 2009.

[118] Devriendt C, De Sitter G, Vanlanduit S, et al. Operational modal analysis in the presence of harmonic excitations by the use of transmissibility measurements[J]. Mechanical Systems and Signal Processing. 2009, 23 (3): 621-635.

[119] Devriendt C, Steenackers G, De Sitter G, et al. From operating deflection shapes towards mode shapes using transmissibility measurements[J]. Mechanical Systems and Signal Processing. 2010, 24(3): 665-677.

[120] Satpathi K, Yeap Y M, Ukil A, et al. Short-time fourier transform based transient analysis of VSC interfaced point-to-point dc system[J]. IEEE Transactions on Industrial Electronics, 2017, 65(5): 4080-4091.

[121] Gao H, Liang L, Chen X, et al. Feature extraction and recognition for rolling element bearing fault utilizing short-time Fourier transform and non-negative matrix factorization[J]. Chinese Journal of Mechanical Engineer-

ing, 2015, 28(1): 96-105.

[122]Zhang Y, Candra P, Wang G, et al. 2-D entropy and short-time Fourier transform to leverage GPR data analysis efficiency[J]. IEEE Transactions on Instrumentation and Measurement, 2015, 64(1): 103-111.

[123]Gupta D, Choubey S. Discrete wavelet transform for image processing[J]. International Journal of Emerging Technology and Advanced Engineering, 2015, 4(3): 598-602.

[124]Chen J, Li Z, Pan J, et al. Wavelet transform based on inner product in fault diagnosis of rotating machinery: A review[J]. Mechanical systems and signal processing, 2016, 70: 1-35.

[125] Grinsted A, Moore J C, Jevrejeva S. Application of the cross wavelet transform and wavelet coherence to geophysical time series[J]. Nonlinear processes in geophysics, 2004, 11(5/6): 561-566.

[126]Chen J, Pan J, Li Z, et al. Generator bearing fault diagnosis for wind turbine via empirical wavelet transform using measured vibration signals [J]. Renewable Energy, 2016, 89: 80-92.

[127]Wiesel A, Bibi O, Globerson A. Time varying autoregressive moving average models for covariance estimation[J]. IEEE Transactions on Signal Processing, 2013, 61(11): 2791-2801.

[128]Yuan C, Liu S, Fang Z. Comparison of China's primary energy consumption forecasting by using ARIMA (the autoregressive integrated moving average) model and GM (1, 1) model[J]. Energy, 2016, 100: 384-390.

[129]Cadenas E, Rivera W, Campos-Amezcua R, et al. Wind speed prediction using a univariate ARIMA model and a multivariate NARX model[J]. Energies, 2016, 9(2): 109.

[130]Pachori R B, Nishad A. Cross-terms reduction in the Wigner-Ville distribution using tunable-Q wavelet transform[J]. Signal Processing, 2016, 120: 288-304.

[131] Khan N A, Sandsten M. Time-frequency image enhancement based on interference suppression in Wigner-Ville distribution[J]. Signal Processing, 2016, 127: 80-85.

[132] Huang H B, Li R X, Huang X R, et al. Sound quality evaluation of vehicle suspension shock absorber rattling noise based on the Wigner-Ville distribution[J]. Applied Acoustics, 2015, 100: 18-25.

[133] 庞世伟, 于开平, 邹经湘. 识别时变结构模态参数的改进子空间方法[J]. 应用力学学报, 2005, 22(2): 184-188.

[134] 杨武, 刘莉, 周思达. 移动最小二乘法的时变结构模态参数辨识[J]. 机械工程学报, 2016, 52(3): 79-85.

[135] 周思达, 刘莉, 李昱霖, 等. 高速飞行器热结构工作时变模态参数辨识[J]. 航空学报, 2015, 36(1): 373-380.

[136] 刘宇飞, 辛克贵, 樊健生. 环境激励下结构模态参数识别方法综述[J]. 工程力学, 2014, 31(4): 46-53.

[137] 沈方伟, 杜成斌. 环境激励下结构模态参数识别方法综述[J]. 电子测试, 2013(3): 178-181.

[138] 李华新. 环境激励下工程结构模态参数辨识研究[D]. 重庆大学, 2013.

[139] Wang T, Celik O, Catbas F N, et al. A frequency and spatial domain decomposition method for operational strain modal analysis and its application[J]. Engineering Structures, 2016, 114: 104-112.

[140] Li D, Zhuge H, Wang B. The principle and techniques of experimental strain modal analysis[C]. International Modal Analysis Conference, 7th, Las Vegas, NV. 1989: 1285-1289.

[141] Lu Q, Li D, Zhang W. Neural network method in damage detection of structures by using parameters from modal tests[J]. Engineering Mechanics, 1999, 16(1): 35-42.

[142] Kurowski P. Finite element analysis for design engineers [M]. SAE,

2017.

[143] Hughes T J R. The finite element method: linear static and dynamic finite element analysis[M]. Courier Corporation, 2012.

[144] Rao S S. The finite element method in engineering[M]. Butterworth-heinemann, 2017.

[145] Kwon Y W, Bang H. The finite element method using MATLAB[M]. CRC press, 2018.

[146] Madenci E, Guven I. The finite element method and applications in engineering using ANSYS[M]. Springer, 2015.

[147] Jin J M. The finite element method in electromagnetics[M]. John Wiley and Sons, 2015

[148] Altintas Y, Cao Y. Virtual design and optimization of machine tool spindles[J]. CIRP annals, 2005, 54(1): 379-382.

[149] Cao Y, Altintas Y. Modeling of spindle-bearing and machine tool systems for virtual simulation of milling operations[J]. International Journal of machine tools and manufacture, 2007, 47(9): 1342-1350.

[150] Zaeh M F, Oertli T, Milberg J. Finite element modelling of ball screw feed drive systems[J]. CIRP Annals-Manufacturing Technology. 2004, 53 (1): 289-292.

[151] 王伟伟, 董彦, 翁泽宇. XK717 数控铣床整机结构动态特性的有限元分析[J]. 机械工程师, 2007(6): 82-84.

[152] 杨勇, 柯映林, 董辉跃. 高速切削有限元模拟技术研究[J]. 航空学报, 2006, 27(3): 531-535.

[153] Huang H, Zhao X, Mi H, et al. The whole machine modeling and mode analysis of super-high speed surface grinder based on FEM[J]. Journal of Hunan University (Natural Science), 2005, 4.

[154] Eman K F, Kim K J. Modal Analysis of Machine Tool Structures Based on Experimental Data[J]. Journal of Engineering for Industry, 1983, 105

(4): 111-111.

[155] Cooper S B, Di Maio D, Ewins D J. Nonlinear Vibration Analysis of a Complex Aerospace Structure [M]. Nonlinear Dynamics, Volume 1. Springer, Cham, 2017: 55-68.

[156] Peeters B, Blanco M A, Musella U, et al. Identifying the structural behaviour of a specimen during spacecraft acoustic testing by operational modal analysis [C]. 7th IOMAC: International operational modal analysis conference. Shaker Verlag Gmbh, 2017: 114-117.

[157] Wan M, Feng J, Ma Y C, et al. Identification of milling process damping using operational modal analysis [J]. International Journal of Machine Tools and Manufacture, 2017, 122: 120-131.

[158] Berthold J, Kolouch M, Wittstock V, et al. Identification of modal parameters of machine tools during cutting by operational modal analysis [J]. Procedia CIRP, 2018, 77: 473-476.

[159] Tran T D, Schlegel H, Neugebauer R. Application of modal analysis for commissioning of drives on machine tools [J]. Procedia CIRP, 2016, 40: 115-120.

[160] Beauduin T, Yamada S, Fujimoto H, et al. Control-oriented modelling and experimental modal analysis of electric vehicles with geared In-Wheel motors [C]. 2017 IEEE International Conference on Advanced Intelligent Mechatronics (AIM). IEEE, 2017: 541-546.

[161] Tuononen A J, Lajunen A. Modal analysis of different drivetrain configurations in electric vehicles [J]. Journal of Vibration and Control, 2018, 24(1): 126-136.

[162] Hegazy O, Barrero R, Van den Bossche P, et al. Modeling, analysis and feasibility study of new drivetrain architectures for off-highway vehicles [J]. Energy, 2016, 109: 1056-1074.

[163] Kim S Y, Jeon O H, Kim K S. A study on the experimental analysis of

noise from vehicle power seat slide rail[J]. International Journal of Control and Automation, 2016, 9(3): 133-142

[164] Oktav A. Experimental and numerical modal analysis of a passenger vehicle[J]. International Journal of Vehicle Noise and Vibration, 2016, 12 (4): 302-313.

[165] Vázquez J A, Cloud C H, Eizember R J. Simplified modal analysis for the plant machinery engineer[C]. Asia Turbomachinery and Pump Symposium. 2016 Proceedings. Texas A&M University. Turbomachinery Laboratory, 2016.

[166] Xuanwei L, Liang J, Jingli W. Modal analysis of the frame of subsoiler based on ANSYS Workbench[J]. Journal of Agricultural Mechanization Research, 2015, 5: 29-31.

[167] 相曙锋, 沈晓庆. 叉车车架的试验模态分析[J]. 工程机械, 2014 (7): 21-25.

[168] Ibrahim S R. Random Decrement Technique for Modal Identification of Structures [J]. Journal of Spacecraft and Rockets, 2012, 14(11): 696.

[169] Zaghbani I, Songmene V. Estimation of machine-tool dynamic parameters during machining operation through operational modal analysis[J]. International Journal of Machine Tools and Manufacture, 2009, 49(12-13): 947-957.

[170] 谢剑, 成业, 王晓茹. 基于 NExT 和 PRCE 方法的低频振荡分析[J]. 电工技术学报, 2018, 33(1): 121-130.

[171] Fan P, Wang Y, Zhao L. Modal analysis of a truck cab using the least squares complex exponent test method[J]. Advances in Mechanical Engineering, 2015, 7(3): 1687814015573782.

[172] Li Y, Yu H, Zhu X. Transformer winding modal parameter identification based on poly-reference least-square complex frequency domain method [C]. 2016 International Conference on Advanced Electronic Science and

Technology（AEST 2016）. Atlantis Press，2016.

［173］谭德先，周云，米斯特，等. 环境激励下高层建筑结构模态测试与有限元建模分析［J］. 土木工程学报，2015（9）：41-50.

［174］Rida I，Al Maadeed S，Jiang X，et al. An ensemble learning method based on random subspace sampling for palmprint identification［C］. 2018 IEEE International conference on acoustics，speech and signal processing（ICASSP）. IEEE，2018：2047-2051.

［175］Gao M，Li Y，Dobre O A，et al. Blind identification of SFBC-OFDM signals using subspace decompositions and random matrix theory［J］. IEEE Transactions on Vehicular Technology，2018，67（10）：9619-9630.

［176］Hillary B，Ewins D J. The use of strain gauges in force determination and frequency response function measurements［C］. Proceedings of the 2nd International Modal Analysis Conference and Exhibit. 1984：6-9.

［177］李德葆，陆秋海，秦权. 承弯结构的曲率模态分析［J］. 清华大学学报（自然科学版），2002，42（2）：224-227.

［178］李德葆，诸葛鸿程，王波. 实验应变模态分析原理和方法［J］. 清华大学学报（自然科学版），1990，30（2）：105-112.

［179］陆秋海，李德葆，张维. 利用模态试验参数识别结构损伤的神经网络法［J］. 工程力学，1999，16（1）：35-42.

［180］李德葆，陆秋海. 试验模态分析及其应用［M］. 科学出版社，2001.

［181］李舜酩，吕国志，许庆余. 转子轴心轨迹的谐波小波提纯［J］. 西北工业大学学报，2001，19（2）：220-224.

［182］程珩，杜岚松. 旋转机械轴心轨迹故障诊断［J］. 太原理工大学学报，2003，34（5）：552-554.

［183］王刚志. 内燃机主轴承热弹性流体动力润滑数值分析及试验研究［D］. 天津大学，2007.

［184］申明亮，廖少明，邵伟. 考虑内坑影响的坑中坑基坑被动土压力叠加算法［J］. 上海交通大学学报，2012，46（1）：79-83.

[185]马海平，李雪，林升东. 生物地理学优化算法的迁移率模型分析[J]. 东南大学学报(自然科学版)，2009(s1)：16-21.

[186]Zhao J，Gao D，Wang Q，et al. Indeterminate mechanics model for bearing capacity of constant flow oil pocket in hydrostatic slide[J]. 2018：4-6.

[187]Kumar J，Khatri V N. Bearing capacity factors of circular foundations for a general c-ϕ soil using lower bound finite elements limit analysis[J]. International Journal for Numerical and Analytical Methods in Geomechanics，2011，35(3)：393-405.

[188]孙军，桂长林，汪景峰. 曲轴-轴承系统计入曲轴变形的轴承摩擦学性能分析[J]. 内燃机学报，2007(3)：258-264.

[189]杨扬，孙军，赵小勇. 多缸内燃机曲轴轴承三维轴心轨迹的试验研究[J]. 机械工程学报，2012，48(3)：174-179.

[190]Wang W，Wang J. Dynamic Simulation Study of Friction and Lubrication on ICE Bearings [J]. Journal-Beijing Institute of Technology-English Edition，2000，9(4；ISSU 26)：459-464.

[191]陈豫. 轴心轨迹提纯与自动识别的研究[J]. 武汉理工大学学报(交通科学与工程版)，2003，27(6).

[192]Mallat S，Hwang W L. Singularity detection and processing with wavelets [J]. IEEE transactions on information theory，1992，38(2)：617-643.

[193]Mallat S，Zhong S. Characterization of signals from multiscale edges[J]. IEEE Transactions on Pattern Analysis and Machine Intelligence，1992(7)：710-732.

[194]张新江，李奕，杨建国. 汽轮发电机组轴心轨迹特征的自动提取及辨识[J]. 热能动力工程，1999，14(6)：487-488.

[195]韩吉，蒋东翔，倪维斗. 利用最优小波包提取轴心轨迹故障特征[J]. 汽轮机技术，2001，43(3).

[196]李方，李友荣，王志刚. 应用广义谐波小波提纯转子轴心轨迹[J]. 振动、测试与诊断，2008，28(1)：55-57.

[197] Dougherty E. Mathematical morphology in image processing[M]. CRC press, 2018.

[198] Najman, Laurent, and Hugues Talbot, eds. Mathematical morphology: from theory to applications[M]. John Wiley and Sons, 2013.

[199] 安连锁, 胡爱军, 唐贵基. 基于数学形态滤波器的轴心轨迹提纯[J]. 动力工程学报, 2005, 25(3): 456-456.

[200] 沙盛中, 翁桂荣. 基于数学形态学的轴心轨迹滤波提纯法[J]. 苏州大学学报(工科版), 2007, 27(4): 39-41.

[201] 黄春霞. 浅谈我国 LED 显示屏发展历程和应用领域[J]. 科技致富向导, 2011(26): 145-145.

[202] 尹飞, 李平, 文玉梅等. LED 芯片在线检测方法研究[J]. 传感技术学报, 2008, 21(5): 869-874.

[203] 蔡立兵. LED 芯片分拣机高速运动部件设计与实现[D]. 华中科技大学, 2009.

[204] 张碧伟. LED 晶粒全自动分拣机的开发研究[D]. 西安工业大学, 2011.

[205] 朱欣昱. LED 芯片分选关键技术研究[D]. 北京科技大学, 2007.

[206] Billard L, Diday E. Symbolic regression analysis[M]. Classification, Clustering, and Data Analysis. Springer, Berlin, Heidelberg, 2002: 281-288.

[207] Duffy J, Engle-Warnick J. Using symbolic regression to infer strategies from experimental data[M]. Evolutionary computation in Economics and Finance. Physica, Heidelberg, 2002: 61-82.

[208] Zelinka I, Oplatkova Z, Nolle L. Analytic programming-Symbolic regression by means of arbitrary evolutionary algorithms[J]. Int. J. of Simulation, Systems, Science and Technology, 2005, 6(9): 44-56.

[209] Koza J R. Genetic programming: on the programming of computers by means of natural selection[M]. MIT press, 1992.

[210] Karaboga D, Ozturk C, Karaboga N, et al. Artificial bee colony programming for symbolic regression[J]. Information Sciences, 2012, 209: 1-15.

[211] McKay B, Willis M, Barton G. Steady-state modelling of chemical process systems using genetic programming[J]. Computers and Chemical Engineering, 1997, 21(9): 981-996.

[212] Eberhart R, Kennedy J. A new optimizer using particle swarm theory[C]. MHS'95. Proceedings of the Sixth International Symposium on Micro Machine and Human Science. Ieee, 1995: 39-43.

[213] Kennedy J. Particle swarm optimization[J]. Encyclopedia of machine learning, 2010: 760-766

[214] Poli R, Kennedy J, Blackwell T. Particle swarm optimization[J]. Swarm intelligence, 2007, 1(1): 33-57.

[215] Allemang R J. The modal assurance criterion-twenty years of use and abuse [J]. Sound and vibration, 2003, 37(8): 14-23.

[216] Reynders E. System identification methods for (operational) modal analysis: review and comparison[J]. Archives of Computational Methods in Engineering, 2012, 19(1): 51-124.

[217] Choi S, Park S, Hyun C H, et al. Modal parameter identification of a containment using ambient vibration measurements[J]. Nuclear Engineering and Design, 2010, 240(3): 453-460.

[218] Newland D E. An introduction to random vibrations, spectral and wavelet analysis[M]. Courier Corporation, 2012.

[219] Iliev A, Kyurkchiev N, Markov S. On the Approximation of the step function by some sigmoid functions[J]. Mathematics and Computers in Simulation, 2017, 133: 223-234.